育苗穴盘

甘蓝育苗

甘蓝分苗

1

准备定植的甘蓝

结球甘蓝定植

紫甘蓝定植

2

果蔬商品生产新技术丛书

提高甘蓝商品性栽培技术问答

编著者

史小强　杨金兰　刘艳波　宋小南

王　旭　任银玲　王湘君

金盾出版社

内 容 提 要

本书是"果蔬商品生产新技术丛书"的一个分册。内容包括：甘蓝产业与甘蓝商品性，影响甘蓝商品性的关键因素，品种选择、栽培模式、栽培环境管理、栽培技术、病虫害防治、采收和采后处理、安全生产、标准化生产与甘蓝商品性。本书内容丰富，技术先进，可操作性强，文字通俗易懂。适合基层农业技术人员和广大菜农阅读使用。

图书在版编目(CIP)数据

提高甘蓝商品性栽培技术问答/史小强等编著．—北京：金盾出版社，2010.2

（果蔬商品生产新技术丛书）

ISBN 978-7-5082-6054-9

Ⅰ．提… Ⅱ．史… Ⅲ．甘蓝类蔬菜—蔬菜园艺—问答

Ⅳ．S635-44

中国版本图书馆 CIP 数据核字(2009)第 189846 号

金盾出版社出版、总发行

北京太平路 5 号(地铁万寿路站往南)

邮政编码：100036 电话：68214039 83219215

传真：68276683 网址：www.jdcbs.cn

封面印刷：北京精美彩色印刷有限公司

彩页正文印刷：北京金盾印刷厂

装订：兴浩装订厂

各地新华书店经销

开本：850×1168 1/32 印张：5.75 彩页：4 字数：139 千字

2010 年 2 月第 1 版第 1 次印刷

印数：1～10 000 册 定价：10.00 元

目　录

一、甘蓝产业与甘蓝商品性

1. 当前我国结球甘蓝的生产概况如何?

目前我国结球甘蓝每年种植面积在 40 万公顷以上(不包括台湾省),占全国蔬菜种植面积的 25%～30%,是东北、西北、华北等冷凉地区春、夏、秋季栽培的主要蔬菜,在南方秋、冬、春季也有大面积栽培。南方地区结球甘蓝种植面积较大的是四川省,其次是江苏省、湖南省和云南省;北方地区结球甘蓝种植面积较大的是河北、安徽、山东、河南等省。

我国对结球甘蓝的育种研究很重视。早在 1973 年,中国农业科学院蔬菜花卉研究所和北京市农林科学院蔬菜研究所合作育成了我国第一个结球甘蓝一代杂种——京丰 1 号,并迅速在生产上大面积推广应用,直至目前仍是南方地区中晚熟春甘蓝及中熟秋甘蓝的主栽品种。上海市农业科学院园艺研究所育成的耐热夏甘蓝新品种夏光已成为南方地区的夏甘蓝主栽品种。1987 年江苏省农业科学院蔬菜研究所育成露地越冬栽培且不易先期抽薹的早熟春甘蓝新品种春丰,已成为南方地区早熟春甘蓝主栽品种。中国农业科学院蔬菜花卉研究所培育的早熟春甘蓝中甘 11 号、8398 等新品种已成为北方早熟春甘蓝主栽品种,且在广东、广西、海南等省、自治区也有栽培。上海市农业科学院园艺研究所培育的争春甘蓝在南方部分地区作春季早熟栽培也表现不错。西南农业大学培育的西园 2 号甘蓝在重庆、四川成都等地表现很好,西南农业大学还在国内首次育成耐根肿病新品种西园 6 号已逐渐成为南方地区中晚熟秋甘蓝主栽品种。

目前生产上从国外引进的甘蓝品种也较多,如日本的夏秋甘蓝 KK〔日本时田(TOKITA)种苗有限公司生产〕、春甘蓝早春、雅致(日本神户市日毛 KK 生产)等在我国南方部分省、直辖市也有栽培。日本井田的冬雅甘蓝,荷兰比久 1038、比久 1039 甘蓝等在黄淮流域可作越冬栽培。

甘蓝是一种耐寒而又适应高温的蔬菜。在北方除了严寒的冬季外,春、夏、秋 3 季均可露地栽培;在南方除了夏季过长的华南各地只能在秋、冬、春 3 季栽培外,在西南和长江流域各地一年四季都可栽培。而且近年来小拱棚、大棚、温室等保护设施的大量使用,从整体上看,目前我国甘蓝基本实现周年生产、周年供应。

南方地区前几年以秋甘蓝为主,栽培面积为最大;春甘蓝次之;夏甘蓝面积最小。近几年南方地区逐渐以春甘蓝为主,栽培面积最大;秋甘蓝栽培面积逐渐向春甘蓝转移。个别地区种植越冬甘蓝,但仅河南、安徽、江苏、上海等地区有部分栽培,面积较小。

2. 甘蓝类蔬菜的种植效益如何?

甘蓝是一种大路蔬菜,产量高,市场需求量大,是国内的主食蔬菜品种之一,在我国蔬菜周年供应中占有重要的地位。出口业务势头良好,主要以保鲜产品出口日本、韩国、俄罗斯以及东南亚等国家和地区,也加工成脱水蔬菜出口。但由于普通结球甘蓝栽培技术简单,适合于规模化种植,其价格因受市场供求关系的影响而波动较大。

紫甘蓝引入我国较早,时间在 19 世纪之前,但一直未受人们重视,栽培面积不大。近年来,由于我国对外开放,国际人员往来增多,宾馆、饭店需要增加,很多大、中城市郊区开始种植,产品开始流入市场,渐被市民接受,市场份额不断扩大。紫甘蓝耐热、产量高,耐贮运,经济效益很高。在欧洲主要作为色拉菜或西餐配色用,可用于生食、汤食、炒食。

抱子甘蓝 19 世纪初逐渐成为欧洲、北美洲地区的重要蔬菜之一,在英国、德国、法国等国种植面积较大,美国、日本等国家和地区也有栽培。近几年引入我国,在北京、广州、云南等省、直辖市已有种植。目前栽培较少,但价格较贵。抱子甘蓝的市场价格通常为每千克 10 元左右,主要是供应大型饭店和宾馆,百姓的餐桌上还不多见。不过随着许多新特蔬菜的发展,抱子甘蓝在我国的生产及市场是很有潜力的。

皱叶甘蓝是近年来从欧美引进的特菜新品种,与普通甘蓝的区别是叶卷皱,而不像其他甘蓝的叶那样平滑。目前,市场上销售的皱叶甘蓝还较少,很值得去开发。

羽衣甘蓝是甘蓝类的一个变种,接近甘蓝野生种,栽培历史悠久,如今在英国、荷兰、德国、美国种植较多,且品种各异,有观赏用羽衣甘蓝,亦有菜用羽衣甘蓝。我国栽培历史不长,尤其是菜用羽衣甘蓝是近十几年才有少量种植,也只是分布在北京、上海、广州等大中城市。观赏用羽衣甘蓝是冬季北方城市组摆用花的主要品种之一。

3. 当前制约我国甘蓝生产的关键问题有哪些?

(1)未熟抽薹现象 由于近几年冬暖春寒现象明显,许多农户未能合理针对气候状况来对春甘蓝进行管理,造成大批的春甘蓝发生未熟抽薹现象。据 1998 年春调查,南方地区春甘蓝未熟抽薹率高达 15%~100%,给农民造成很大损失。一般种植冬性强的品种管理得当,抽薹率低些。此外,种植新丰、争春类越冬甘蓝如果播期和栽培管理不当也会发生大面积未熟抽薹现象,给农民造成巨大损失。

(2)产品质量有待进一步提高 春甘蓝、夏甘蓝及秋甘蓝生长期间气温较高,虫害严重,特别是小菜蛾、菜青虫、甘蓝夜蛾为害猖獗,对结球甘蓝的生长极为不利。若连续用药防治,不但污染环境而且影响人体健康,所以培育耐虫或抗虫品种将成为甘蓝育种的新课题。

(3)加工品种缺乏　蔬菜加工业的发展对蔬菜品种提出了新的要求,甘蓝也不例外。在进行脱水蔬菜生产过程中,需要球型大和球叶颜色深的甘蓝品种,如在江苏、浙江一带用于冷冻菜的甘蓝品种,要求外层7～9片球叶带绿色,叶球扁圆形。叶球大可保产量高,增加商品菜率;而颜色深可以使加工后的甘蓝叶保持绿色,符合加工品质要求。当前的品种在产量上可以达到要求,但球叶多为白色或淡黄色,还没有符合加工要求的球叶绿色品种。

(4)产品积压　由于我国目前市场信息不畅,产品的生产流通存在一定的盲目性,再加上我国目前的保鲜加工技术、设备等尚不适应生产发展的需要,很大程度上抑制了产品形式的转化,经常造成产品积压,使甘蓝生产起伏性较大。

4. 甘蓝生产的发展趋势怎样?

(1)品种需求的变化趋势

①对品种需求细化　南方的四川、云南、广东、福建、湖南等甘蓝主栽省份,原来秋甘蓝栽培面积较大,近年来随着专业化生产基地和外销基地的建立,以及消费需求的变化,对春、夏和越冬甘蓝品种都产生需求,在类型上可细分为大球、小球、圆形、扁圆形,以及球叶深绿色、鲜绿色等;北方的山东、河南、河北、山西等甘蓝主栽省份,一直以中早熟春甘蓝栽培为主,主要是满足周边城市需求,近年来又增加了北菜南运、西菜东调、出口外销等多种销售渠道。市场需求的细化,加速了对品种需求的多样化,并引发了对优质型、耐裂型品种的需求。

②对品种需求档次提高　在20世纪90年代之前,农民种植甘蓝基本上是就近供应消费,因此对品种没有严格的要求。之后,随着蔬菜贮藏加工业的发展,尤其是蔬菜出口、长途调运的兴起,

对甘蓝品种提出了新的要求,而甘蓝由集贸市场向超市销售的变革趋势,对品种则提出了更高的要求。因此,一些国外昂贵的进口品种逐渐进入我国市场,种子价格已经不再是制约种植户选购良种的首要因素。与此同时,国内一大批高档次新品种也应运而生,如目前精选 8398 基本上完成了对普通 8398 的替代,类似的中甘 15 号、中甘 17、中甘 21、西园 4 号等新品种也进入了市场。

③中早熟品种市场需求增加　由于我国家庭人口结构和消费习惯的改变,中小球型甘蓝备受市场和消费者欢迎,而中小球型甘蓝多为中早熟品种。目前我国在早熟品种选育方面占有绝对优势,精选 8398、中甘 11、争春等品种都有很大的市场,商品性状更好的中甘 17、中甘 21 等也开始进入市场。中熟品种呈百家争鸣的局面,我国的中甘 15 号、庆丰等品种以优质为特色,而日本的珍奇、雅致和荷兰的比久 1038 等以耐裂性好、适于长途运输也赢得了部分市场。中早熟品种可分为以下两种类型:一种是品质优良型及外销型,目前市场上早熟性好、品质优的品种多为国内育成,如精选 8398、春甘 45、中甘 15 号、中甘 17、中甘 21 等。中甘 15 号等高品质的品种已经被国外快餐公司引入取代生菜作为快餐食品中的生食蔬菜。另一种是耐贮运型,日本、韩国和欧洲国家的品种在这方面有一定优势,如珍奇、比久 1039、铁头 3 号等,它们的叶球紧实、耐裂性强,适于贮运,商品货架期长,但品质不如鲜食品种。

④中晚熟品种消费方向改变　中晚熟甘蓝品种具有适应性广、耐贮运、产量高等优点,为我国南方大部分地区的主栽类型,在北方的华北平原中部、东北地区,乃至西北的陕西、青海等地都有种植。目前的京丰 1 号、中甘 8 号、晚丰、夏光、西园 4 号、西园 6 号等中晚熟品种多为扁球类型,球大、品质一般的特点使它们在发达地区和大中城市作为鲜食消费有减少的趋势,但在中小城市和山区以及出口到东南亚各国和地区还占有相当比例。此类型品种在蔬菜干制、脱水加工和饲用等方面的需求比例明显上升,今后会

有一定的发展潜力。

⑤反季节栽培品种增加 当前各地进行反季节栽培有增长趋势,保护地种植、夏季耐热栽培、越冬栽培等,为生产淡季蔬菜产品增加了途径。早熟甘蓝品种中甘 11、8398、冬甘 1 号在北方用于早春保护地种植获得成功,甘蓝新品种中甘 17 在早春保护地种植更有明显优势。以往在南方耐热栽培中,夏光甘蓝使用比较普遍;而在河南、安徽、江苏、上海等地区露地越冬栽培中,郑研圆春、争春有小面积栽培。近年来,从韩国、日本和欧洲国家引进的一些甘蓝品种在耐热和越冬栽培中表现出明显优势,其中耐热品种有夏星、月桂、夏月、冠军等,越冬品种有寒春 4 号、冬春宝、比久 1039等逐步在南方反季节栽培中占据了市场,也使反季节栽培面积呈上升趋势。

(2)绿色无公害 现在人们对蔬菜质量的要求越来越高,食用绿色无公害蔬菜将成为一种新的消费潮流。菜农要根据市场需要,更加重视选用优质蔬菜新品种;要严格控制氮素化肥的用量,增施有机肥,在有条件的地区逐步按照甘蓝蔬菜作物的需求,实行配方平衡施肥或测土施肥;以提高品质风味为重点,在病虫害防治上要严格贯彻"预防为主、综合防治"的原则,采用生态控制、生物防治和高效、低毒、低残留化学防治相结合的综合控防措施,严格控制产品中农药残留超标问题;重视生物肥料、生物农药、害虫天敌的研究与利用,发展无公害蔬菜,保护菜田生态环境;对蔬菜产品按标准加工、分级包装和运输,提高加工和贮运质量,争创名牌。

(3)紫甘蓝、抱子甘蓝等特种甘蓝将成为一种新的发展趋势
近 2 年来随着人们消费观念的变化,大家对所食用的蔬菜越来越挑剔,不只在满足于吃着好吃,还要求看着美观。因此,一些奇形怪状、色彩迥异的具有观赏价值的奇形、异色蔬菜大大满足了人们的猎奇和审美心理。特种甘蓝包括紫甘蓝、皱叶甘蓝、抱子甘蓝及羽衣甘蓝等,因其满足了人们食用、营养、保健、观赏等多方面的需求,因此市场前景看好。

(4)贮藏加工技术将得到进一步的应用 目前甘蓝蔬菜大部分仍然以鲜菜形式销售,一旦产品集中上市,常常造成积压,导致产品腐烂状况非常突出。贮藏和加工技术的薄弱,制约了我国甘蓝蔬菜产业的健康发展。随着甘蓝蔬菜加工品种的问世及加工技术的发展,预计今后甘蓝蔬菜贮藏和加工能力将得到显著加强。

5. 什么是甘蓝的商品性生产?

商品是通过市场用来交换的东西,它具有价值和使用价值两个基本因素。蔬菜一旦具有了商品的属性,就转化为商品。蔬菜商品能够满足人们健康方面的需求,这种属性就是蔬菜商品的使用价值。同时,作为蔬菜栽培、运销这些劳动的凝结,构成了蔬菜商品的价值。蔬菜商品学研究的内容包括:产业宏观管理;蔬菜生产的计划、管理及其商品化;商品质量的评价、养护;商品处理技术;商品包装、运输;流通过程商品质量的变化;流通渠道的合理化;市场信息和经营管理;销售和对外贸易,商品的利用等。

甘蓝蔬菜的商品性生产,就是针对市场需求,合理地、经济有效地生产出数量足、种类多、品质好的甘蓝蔬菜产品,并通过一系列商品化处理,最大限度地保持甘蓝蔬菜产品的质量,提高甘蓝蔬菜的商品性,建立合理的流通渠道,按照市场规律调剂余缺,实现甘蓝蔬菜商品的周年均衡供应,提高甘蓝蔬菜生产、经营的经济效益,正确引导消费,促进甘蓝蔬菜的商品化发展。

6. 甘蓝蔬菜产业发展对商品性生产的要求是什么?

甘蓝是我国主要蔬菜作物之一,在蔬菜周年供应和出口贸易中均占有重要地位。近年来,随着我国蔬菜产业的发展,甘蓝生产面积也迅速增加。甘蓝蔬菜产业的发展对甘蓝商品性生产提出了更高的要求,主要包括以下几个方面。

(1)**对品种要求的档次更高、更加细化** 除了丰产、优质、抗病虫害外,对甘蓝的外观形状、营养价值、加工形状、耐贮运、耐热、耐抽薹性等提出了更细、更高的要求。比如由于我国家庭人口结构和消费习惯的改变,使净球质量1千克左右的小球型品种越来越受到市场欢迎;南菜北运、西菜东调过程中保证产品的完好和新鲜成为关键,耐裂球品种受到蔬菜收购商的喜爱;人们在消费甘蓝时更加注重其品质和营养价值,国外食品公司正试图以甘蓝取代生菜作为快餐食品中的生食蔬菜。

(2)**对产品的安全性提出了更高要求,更加注重绿色无公害** 近年来随着多起食品安全事故的发生,尤其是三鹿奶粉事件,国民更加注重食品的安全性。甘蓝蔬菜如果管理不善,虫害非常严重,如防治不善,极易造成农药残留超标,从而使甘蓝蔬菜彻底失去商品性。因此,必须加强对甘蓝蔬菜生产的各个环节进行质量监控,切实提升产品质量。

(3)**在流通领域,除了要求甘蓝品种耐裂、耐运输外,更加注重鲜菜的商品化处理技术** 蔬菜采后处理技术是连接生产和市场、最终实现生产效益和生产目的的重要环节,处理技术的好坏直接影响到甘蓝蔬菜产品的质量,并最终影响到甘蓝蔬菜的效益。

(4)**迫切需要对甘蓝加工技术的研究** 由于我国实行的是家庭联产责任制,蔬菜生产是成千上万个农户自发进行生产。蔬菜市场行情难于预测,又缺乏有效的政府指导,经常造成菜贱伤农的事件,甘蓝蔬菜尤为严重。大力发展甘蓝蔬菜的加工技术研究,是预防菜贱伤农事件的有效措施,也是保证甘蓝蔬菜健康发展的有效措施。

7. 提高甘蓝蔬菜商品性对甘蓝蔬菜产业的发展有哪些意义?

提高甘蓝蔬菜商品性对甘蓝蔬菜产业的意义表现在以下几个方面:①就产品来说,只有优良的商品性状才能得到消费者的信任,有利于市场流通,体现甘蓝蔬菜自身的价值。②对种植者来说,产品卖得快、卖得多,收入高,就有成就感,打内心珍惜自己的劳动成果。田间的辛苦也不再让人感到是一种艰苦难耐的工作,能节省出更多的时间,心情舒畅地进行田间生产和计划更好、更适合提高甘蓝商品性的种植方法,进而提高菜农对甘蓝蔬菜生产的积极性。③就市场来说,市场永远欢迎优良的商品上市销售。提高甘蓝蔬菜的商品性可以增加甘蓝蔬菜的市场竞争力,大大提高销售数量和销售价格,促进甘蓝蔬菜生产的良性发展和市场的稳定。④提高甘蓝蔬菜生产力水平。甘蓝蔬菜商品性的提高需要优良的品种和先进的栽培技术做支撑,有利于新品种、新技术的推广,从整体上提高甘蓝蔬菜的生产力水平。

8. 甘蓝蔬菜的商品性包括哪些方面?

甘蓝蔬菜是蔬菜的一种,具有其他蔬菜商品的共性,即具有满足人们健康方面需求的使用价值,也具有有别于其他蔬菜的特殊商品性,外观形状要符合当地的销售习惯,安全无公害,品质要好,营养价值要高,耐运输等。此外,观赏羽衣甘蓝具有符合人们精神需求的外观等。概括起来主要包括商品品质、营养和感官品质、安全卫生品质等方面。

(1)商品品质 主要指外观表现、耐贮运性等。

①结球形状 由于甘蓝蔬菜不同品种的结球形态不同,形成了多种形状,它们既是甘蓝蔬菜不同品种的重要特征,也是商品质

量的重要外观表现,它多与当地人们长期食用的习惯有着密切的关系。

②鲜度与清洁度　新鲜程度的高低,主要看叶球的帮与叶身是否有光泽和质地是否脆嫩。光泽度高、质地脆嫩者表现为具有高鲜度的优良品质。同时叶球的外部应无泥土及其他外来物的污染,这会表现出该商品的清洁程度。

③色泽　主要看叶片与叶帮的颜色,一般认为颜色偏绿的营养价值高。叶绿素含量的高低与维生素 C 及胡萝卜素的含量有一定的相关性,而且耐贮性也好。但也有不少地区的消费者喜欢帮白、叶色淡的品种,认为其鲜嫩可口。

④修整程度　主要指上市商品应去掉不可食用的黄帮烂叶,以及不宜保存的荒叶。根部也应切齐,根茎部的长度不得超过 2 厘米。修整程度的好坏,直接影响产品的价值。

⑤均一性　指蔬菜商品群体在结球形态、株型大小等方面是否一致。均一性高的商品,说明品种整齐,管理水平高,出售的商品价值高。

⑥损伤情况　有无由于外力机械作用或自然冻害等造成的叶球损伤。

⑦病虫害情况　有无病虫害或生理障害造成的球叶边缘变色、腐败等现象的发生,严重者降低了商品价值,甚至完全丧失商品价值。

⑧贮运条件的优劣　在甘蓝蔬菜贮藏、运输过程中的各种条件,都会影响到它的新鲜程度。损耗量的大小,叶片脱落的多少,从而也影响到营养成分的损失程度、组织质地的变化等。

⑨耐裂性及中心柱的长短　耐裂性差的甘蓝品种,容易造成裂球,损害商品质量,并且不耐长途运输。中心柱的长短关系到甘蓝蔬菜的商品品质。中心柱长,甘蓝的净菜率就低,商品性就差。

(2)营养和感官品质　甘蓝蔬菜品质的好坏与叶球中所含的

营养物质的种类及含量有关,而含量的多寡还与栽培条件和环境条件有关,并随植株生长发育及贮藏过程而变化。同时,它还与风味、质地、渣量、甜味等感官品质有着密切的关系。

甘蓝有丰富的营养,含有多种维生素和矿物盐类,除胡萝卜素外,其他成分皆高于大白菜,热量比大白菜高 64.5%,钙高 2.83倍,磷高 68.53%,铁高 4.85 倍,糖高 70%。丰富的钙、磷、铁成分,对人体骨骼的形成和发育,以及增进血液循环都有较大作用。甘蓝还有医疗作用。据《本草拾遗》记载,甘蓝味甘,性平,归脾、胃经,能医脾和胃,缓急止痛。对胃及十二指肠溃疡、腹痛有一定疗效。

甘蓝蔬菜的感官品质差异是与品质相关的化学指标相联系的,它与蛋白质、还原糖含量呈极显著的正相关,与粗纤维含量呈极显著的负相关,与固形物百分率显著相关而与维生素 C、叶绿素含量等无显著相关。在感官品质分析中,风味和质地是关键指标,其他指标是通过风味、质地对感官品质产生影响,质地与风味之间无相关性。甘蓝蔬菜的感官品质还与其组织结构有关。品质优良的品种,球叶中肋维管束密度小,束间厚角细胞少,薄壁细胞小,短缩茎细胞溶生腔小而少,茎贮藏细胞中淀粉粒积累多,球叶叶肉组织厚,营养成分含量高,粗纤维含量低。品质差的品种则与之相反。

(3)安全卫生品质 主要指甘蓝蔬菜的卫生标准,主要包括农药残留、硝酸盐含量、环境污染等。如果生产中农药使用不当,造成蔬菜中化学农药的残留超过国家规定标准;或施肥不当,造成蔬菜中硝酸盐含量超过国家规定标准;或受栽培环境因素中的土壤、灌溉水、大气等污染等造成甘蓝蔬菜重金属含量超过国家规定标准;或存在影响人体健康的微生物污染等都会导致甘蓝蔬菜产品的卫生品质不达标,影响商品甘蓝蔬菜的上市销售。所以选择优良的栽培环境、进行无公害栽培、开展生物防治病虫害、合理施肥等对培育符合卫生品质的甘蓝蔬菜很重要。

9. 对鲜食及出口甘蓝商品性的要求是什么?

我国甘蓝出口主要销往日本、韩国、新加坡、俄罗斯和东南亚一些国家以及我国港、澳特区,由出口蔬菜加工厂收购,进行保鲜或加工后销往国际市场。

(1)鲜食甘蓝、出口甘蓝的基本要求 甘蓝的药残要符合进口国要求,品质新鲜,无病虫害,去外层不良菜叶,菜体完整。有自然色泽,具有甘蓝固有的滋味,微甜,水分充足,无粗纤维感。有产品固有的形状和色泽,无腐败变质,无病虫害和冻害。适度结球,无裂球,无抽芽,无萎蔫症状。适当去除外叶,适当切除根茎。叶球形状和单棵重量符合外商要求。

(2)普通甘蓝质量等级 分为良质、次质和劣质3个等级。

①良质 叶球鲜嫩而有光泽。结球紧实、均匀,不破裂,不抽薹,无机械伤。球面干净,无病虫害,无枯烂叶,可带有3~4片外包青叶。

②次质 结球不紧实、不新鲜或萎蔫失水。外包叶变黄或有少量虫咬叶。

③劣质 叶球爆裂或抽薹,有机械伤或外包叶腐烂。病虫害严重,有虫粪。

10. 对加工用甘蓝蔬菜商品性的要求是什么?

蔬菜加工业的发展对品种提出了新的要求,甘蓝也不例外。在进行脱水蔬菜生产过程中,需要球型大和球叶颜色深的甘蓝品种,如在江苏、浙江一带用于冷冻菜的甘蓝品种,要求外层7~9片球叶带绿色,叶球扁圆形。叶球大可保产量高,增加商品菜率。而颜色深可以使加工后的甘蓝叶保持绿色,符合加工品质要求。当前的品种在产量上可以达到要求,但球叶多为白色或淡黄色,还没有符合加工要求的球叶绿色品种,因此选育加工专用型品种有很大的市场潜力。

11. 市场对鲜食紫甘蓝蔬菜商品性的要求是什么?

紫甘蓝又叫红叶甘蓝、赤球甘蓝等。色泽艳丽、含有丰富的色素,是拼配色拉的好菜,也可清炒、炒肉片和做汤。其商品要求是:甘蓝的药残要符合要求,有自然色泽,紫红色或深红色,具有紫甘蓝固有的滋味,微甜,水分充足,无粗纤维感。无腐败变质,无病虫害和冻害。适度结球,无裂球,无萎蔫症状。适当去除外叶,适当切除根茎。单球重在 700 克以上。

12. 对适合鲜食的羽衣甘蓝商品性的要求是什么?

羽衣甘蓝是甘蓝类的一个变种,接近甘蓝野生种。我国栽培历史不长,尤其是菜用羽衣甘蓝是近十几年才有种植,也只是分布在北京、广州、上海等大城市。可炒食、凉拌、做汤等,也可用作色拉。其嫩叶经沸水煮、烫或烹饪后,仍能保持鲜艳的绿色。在欧美多用其配上各色蔬菜制成色拉。其商品性要求是:甘蓝的药残要符合要求,有鲜艳的自然光泽,叶色淡绿色至绿色,叶柄比观赏羽衣甘蓝略长,无腐败变质,无病虫害和冻害,嫩叶具有羽衣甘蓝固有的滋味,口感好,无杂味,无粗纤维感。

13. 对适合作盆花的羽衣甘蓝商品性的要求是什么?

观赏羽衣甘蓝由于品种不同,叶色丰富多变,叶形也不尽相同,叶缘有紫红、绿、红、粉等颜色,叶面有淡黄、绿等颜色,整个植株形如牡丹,所以也被形象地称为"叶牡丹",是冬季花坛的重要材料。其商品性要求是：耐寒性要强，适应性强，观赏期长，叶色鲜艳，株型整齐美观。

14．对鲜食抱子甘蓝商品性的要求是什么？

抱子甘蓝，俗称芽甘蓝、子特甘蓝，是甘蓝的一个变种。叶片小，表面有皱纹，叶柄长。茎高 35～100 厘米。茎顶端不生叶球，叶腋间能抽芽形成小叶球，叶球直径 1～4 厘米，黄绿色或紫红色。英国、法国、比利时等国栽培较多，我国有少量栽培。抱子甘蓝的商品性要求是：外形整齐，大小均匀，新鲜洁净，无病虫害，药残要符合要求。

15．对鲜食皱叶甘蓝商品性的要求是什么？

皱叶甘蓝别名皱叶洋白菜、皱叶圆白菜、皱叶包菜、皱叶椰菜，为十字花科芸薹属甘蓝种中能形成具有皱褶叶球的一个变种。它与普通结球甘蓝的区别在于它的叶片卷皱，而不像其他甘蓝的叶那样平滑。其商品性要求是：叶面皱褶，质地细嫩、柔软，芥子油的气味较轻，口感佳，药残符合国家要求，去外层不良菜叶，菜体完整。无腐败变质，无病虫害和冻害。适度结球，无裂球、无抽芽、无萎蔫症状。适当去除外叶，适当切除根茎。

16．甘蓝种子要求什么样的商品性？

甘蓝一级良种要求种子饱满，红褐色或黑褐色。品种纯度在 96％以上，种子净度在 99％以上，种子发芽率在 95％以上，种子含水量在 8％以下。

二、影响甘蓝商品性的
关键因素

1. 影响甘蓝商品性的关键因素有哪些?

影响甘蓝商品性的因素大致存在于两个方面,一是生产领域,二是流通领域。

(1)生产领域 这是提高甘蓝蔬菜商品性的基础,其对甘蓝蔬菜商品性的影响主要存在以下 4 个方面:①人为因素:生产者在思想上对提高甘蓝蔬菜商品性不够重视,重产量轻质量;对提高甘蓝蔬菜商品性的栽培技术掌握不够,或在实际生产应用中打折扣。②栽培设施条件落后,无法满足甘蓝蔬菜正常生长所需的环境条件,导致逆境下甘蓝蔬菜的商品性下降。③品种和栽培技术欠缺。甘蓝蔬菜营养丰富,市场需求量大、四季不断。设施园艺的发展为甘蓝蔬菜一年四季连续不断的生产、上市提供了可能。但是不同的栽培方式对品种和栽培技术有不同的要求,加上市场需求千变万化,目前的甘蓝品种和技术条件还不能完全满足生产者和消费者对甘蓝蔬菜商品性的要求。④病虫害防治技术有待提高。甘蓝蔬菜虽然栽培技术简单,但病虫害较为严重,尤其是虫害,如果防治不及时,极容易造成减产甚至绝收。加上近几年病虫害发生有加重的趋势,如果防治不当,很容易造成传播蔓延或农药残留,从而影响甘蓝蔬菜商品性的提高。

(2)流通领域 这一方面包括甘蓝蔬菜从采收到食用的整个过程,是连接生产与市场、最终实现生产效益和生产目的的重要环节。此环节主要是提高和保持甘蓝蔬菜的商品性,主要包括清洁、分级、包装、贮藏、运输及销售。影响甘蓝蔬菜商品性的因素主要存在两个方面：一是在整个采收处理的过程中要保证投入品、包装材料及加工环境不对甘蓝蔬菜造成污染；二是要保证蔬菜在流通过程中的质量，使其保持新鲜，不会由于衰老和腐烂等蔬菜自身的变化直接影响甘蓝蔬菜产品的质量，并最终影响收益。

2. 品种特性与甘蓝商品性的关系是什么？

品种特性包括这个品种的形态特征、适应的环境、熟性、丰产性、抗病性等诸多方面。品种特性与甘蓝的商品性生产有着非常密切的关系，也是进行甘蓝商品性生产最关键的一步——品种选择。选择优良的品种是甘蓝商品性生产取得丰收的前提，而品种特性是对甘蓝良种的综合描述，是我们选择品种的依据。对品种特性的要求不仅是甘蓝栽培的需要，更是市场的需要。甘蓝蔬菜产业中，种子是最基本的生产资料，是一种科技载体。选用优良的甘蓝蔬菜品种，是无公害蔬菜及绿色蔬菜生产的基础。要实现甘蓝蔬菜生产的高产、优质、高效，选用良种是至关重要的因素。种子的质量好，品种的抗病性、抗逆性强，不但可以丰产，而且可以减少农药的使用量，提高蔬菜的质量。如果品种选择不好，栽培管理等其他措施再好，也不能生产出优质商品蔬菜，这是品种的遗传特性所决定的。选择优质、高产、抗病、适应市场需要和不同地区、不同栽培季节、不同熟性的优良品种，不仅能为甘蓝的优质高产奠定基础，同时可以根据甘蓝蔬菜的抗病性、抗逆性进行栽培，减少病虫害的发生，提高甘蓝蔬菜产品品质与商品性。

3. 良种与甘蓝商品性的关系是什么？

农作物良种是农业最基本、最重要的生产资料。农业生产无论采取何种现代化技术，都必须通过种子才能发挥出应有的作用。经科学测定，在目前农业增产增效的份额中，良种的作用接近30%。良种，概括地讲，应当是在一定的条件下进行种植，能够获得比较高的产量。产品必须在外观形态上和口味感觉上比较好，受到消费者欢迎。品种应具备良好的抗逆性(春种品种的耐抽薹性、抗寒性，夏种品种的抗热性)及抗病性。此外，甘蓝良种一方面应具有相对的早熟性，早熟品种生长期短，有利于提高土地生产效率和劳动生产率；另一方面产品的上市期可酌情调节，有利于提高经济效益。但良种不可能所有经济性状都表现良好，在多数情况下，一个优良品种总是具有自己的优势，总具有一种或几种优良的经济性状。

良种对提高甘蓝商品性的作用主要体现在生产领域，优良品种的特性在提高产量、改进品质和增加抗病性中发挥着重要的作用。此外，由于一个优良品种总是在某一个或几个方面具有良好的经济性状，适应某一地区或当地某一时期的气候条件，因此要根据当地气候条件、市场需求选用合适的优良品种，只有这样，甘蓝良种才能对提高甘蓝商品性产生应有的作用。

4. 栽培区域与甘蓝商品性的关系是什么？

甘蓝适应性、抗逆性都比较强，易栽培、易稳产，且较耐贮运，在我国各地普遍栽培，南方除了炎热的夏季、北方除了寒冷的冬季外，其他季节可排开播种、分期收获供应市场，在蔬菜周年供应中占有十分重要的地位。

不同的栽培区域，气候条件存在差异，人们的饮食习惯及对甘蓝蔬菜的形状喜好不同，同时市场需求状况也不一样，而这些都与甘蓝的商品性有着密切的联系。比如不同的气候条件栽培技术不一样，选择的品种也不同；大城市对特菜的需求量大，因此在城市周边地区可以适当规模化种植抱子甘蓝、紫甘蓝等特种甘蓝蔬菜。

5. 栽培模式与甘蓝商品性的关系是什么？

为了适应市场的需求、满足甘蓝蔬菜的周年供应，人们研究和应用各种栽培模式进行甘蓝生产,取得了较高的经济效益,如春保护地栽培、春季和秋季露地栽培、越夏露地栽培、越夏保护地栽培、露地越冬栽培等,这些栽培模式受自然、设施建造技术和人为栽培管理技术等因素的影响,在商品性生产中都具有一定的风险性。效益越高的茬次对各项技术的要求越高、风险性越大,因此一定要不断提高栽培管理技术,有针对性地选择合适的栽培模式,达到预期的生产目的。

6. 栽培环境与甘蓝商品性的关系是什么?

对气候影响最大的因素是纬度,即主要影响的环境因子是日照时数和温度,进而影响一个地区的栽培季节的长短。高纬度地区一般在 1 年中昼夜长度变化差别大,在冬季白天时间较短。纬度越大,变化的趋势越大。在低纬度地区,这种昼夜长度变化差别不明显。长日照有利于甘蓝蔬菜抽薹、开花和种子成熟。同时,纬度越高,月平均气温越低,且月平均气温差异越大。甘蓝蔬菜属绿体春化型作物,一定大小的植株在 0℃～12℃ 的低温条件下经 50～90 天完成春化,其后若有适宜的条件,就可抽薹开花。因此,以食用叶球为栽培目的的甘蓝蔬菜,从低纬度地区向高纬度地区种植时应注意选择早熟、耐寒的品种。

按照一般规律,从平原到山区海拔每升高 100 米,年平均气温降低 0.4℃～0.6℃,而且不同季节略有差异。春季一般降温值为 0.5℃,秋季为 0.6℃ 左右。夏季温度的垂直递减率比冬季略大些。按季节变化,春季海拔高度每升高 100 米,回暖过程晚 2～4 天,秋季转凉过程早 3～5 天,全年蔬菜有效生育期减少 5～8 天。因此,从平原向山区引种,宜选择生育期较短或耐寒的品种,同时主要栽培措施如播种期也应相应调整,种植才能获得成功。

7. 病虫害防治与甘蓝商品性的关系是什么？

相对于其他的蔬菜品种，甘蓝的病害应该说是较少的，但虫害较为严重。近年来，市场的需要推动了甘蓝蔬菜生产的发展，引进品种和种苗增多、栽培面积扩大、种植茬次增加、保护地种植连年重茬等，导致甘蓝病害增多，如生理性病害、真菌性病害、细菌性病害、病毒病和根结线虫病等都有增加的趋势；由于连年使用农药，很多害虫都已经具有了抗药性，导致防治难度加大，这些都给甘蓝蔬菜的商品性生产带来很大的障碍。

甘蓝蔬菜的病虫害直接危害甘蓝外叶及球叶，防治不及时可招致整个生产失败。病虫害的防治以预防为主，治疗为辅。防治措施上以农业防治、物理防治、生物防治为主，化学防治为辅。实行病虫测报，积极预防，同时综合采用农业防治、物理防治、生物防治和化学防治技术，降低农药使用量，将病虫害控制在最低程度，保证甘蓝蔬菜的产量和品质。

8. 安全生产与甘蓝商品性的关系是什么？

甘蓝蔬菜的安全生产贯穿甘蓝商品性生产始终。甘蓝蔬菜的使用价值就是可以食用的营养价值。可以说，没有甘蓝的安全性生产，就没有甘蓝蔬菜的使用价值，也就没有甘蓝蔬菜的商品性。甘蓝蔬菜的商品性生产是以甘蓝生产的安全性为前提的，因此必须重视甘蓝商品性生产的安全性。甘蓝蔬菜的安全生产包括禁止使用国家禁止使用的农药，严格农药使用的方法、用量和次数，严格执行农药使用的安全间隔期，确保农药使用的安全性，避免农药对甘蓝的污染。

9. 采收及采后贮运与甘蓝商品性的关系是什么?

蔬菜采后是指从蔬菜采收到食用的整个过程。蔬菜采后处理是连接生产和市场、最终实现生产效益和生产目的的重要环节,主要包括采收、清洁、分级、包装、防腐、贮藏、运输、销售等。甘蓝蔬菜的采后处理是保持、改善和延长甘蓝蔬菜的商品性,从而提高甘蓝生产者的效益。甘蓝蔬菜的采后处理要将绿色食品的概念和要求贯穿到采收处理的全过程,保证甘蓝蔬菜不被采后污染。采收处理技术的好坏直接影响甘蓝蔬菜产品的质量,并最终影响甘蓝蔬菜的商品性。

10. 标准化生产与甘蓝商品性的关系是什么?

标准化生产与甘蓝商品性的关系是相辅相成、相互促进的关系。随着甘蓝商品化生产的发展和人们消费水平的提高,对标准化生产需求越来越迫切。甘蓝蔬菜是商品性极强的农产品,而且以鲜销为主,产销链短、时限性强、卫生安全标准严格、市场准入要求高,对标准化生产需求迫切。同时,甘蓝标准化生产是提高其商品性的保证,要提高市场竞争力,扩大出口,必须推行标准化生产,使产品质量和结构与市场要求接轨,生产出绿色优质的甘蓝蔬菜的产品,把高质量的产品推向更广阔的市场,增强市场竞争力。

11. 如何综合各因素的影响在栽培技术上提高甘蓝商品性?

品种特性、栽培模式、病虫害防治、采收及采后处理、安全生产、标准化生产等影响甘蓝蔬菜商品性的诸多因素是一个统一的整体,缺一不可,在栽培技术上需要综合考虑以提高甘蓝的商品性。

（1）**品种选择** 甘蓝品种有多种生态类型，要选择适宜的品种。第一要了解市场需求，一般应选用在当地蔬菜种类和数量较少上市的淡季能采收供应的品种。第二要考虑品种的地区适应性。每一品种有各自的地域限制，一个品种在某地表现优秀，在另一地可能就表现较差；各地消费习惯不一样，一定要选择适合当地消费习惯的品种；选择适合当地栽培季节的品种，切不可把春甘蓝当作秋甘蓝种，把秋甘蓝当作夏甘蓝种等。第三要根据用途选择品种。如用于加工脱水蔬菜，要选择水分含量较少、肉质甜脆、叶球扁大和鲜绿、绿色层数多的品种；如用于当作畜禽饲料，宜选用产量高的品种；如用于鲜食，则要兼顾产量、品质及当地消费习惯。

（2）**合理轮作** 甘蓝蔬菜种植要尽量避免与十字花科蔬菜重茬，减少连作危害，减轻病虫害的发生。

（3）**培育壮苗** 培育壮苗是丰产的基础，要根据不同的栽培季节和栽培模式的特点，合理科学管理，培育壮苗。

（4）**清洁田园，精细整地** 定植前或收获后及时清除田间及其周围的杂草、植株残体，尤其是病残体要带出田外烧毁或深埋，降低田间病菌基数。精细整地，改善土壤结构，促进甘蓝根系发育。

（5）**加强田间管理** 不同品种、不同的栽培环境、不同的栽培季节和栽培模式对甘蓝栽培技术的要求是不一样的，要科学合理地进行田间管理，创造一个适合甘蓝蔬菜生长的环境。

（6）**做好病虫害防治** 甘蓝蔬菜是病虫害较为严重的一种蔬菜，生产过程中要经常进行田间病虫调查，发现问题要早防早治，禁止使用国家禁用的农药，严格农药使用的方法、用量和次数，严格执行农药使用的安全间隔期，确保农药使用的安全性，避免农药对甘蓝的污染。

（7）**及时采收** 甘蓝蔬菜成熟后要根据市场销售情况及时采收，避免裂球。做好采后处理工作，避免二次污染，保持、改善和延长甘蓝蔬菜的商品性，从而提高甘蓝生产者的效益。

三、品种选择与甘蓝商品性

1. 甘蓝品种有哪几种分类方法及依据的原则是什么?

甘蓝依叶球形状和颜色不同,可分为普通结球甘蓝、皱叶结球甘蓝、紫叶结球甘蓝等不同类型。我国以栽培普通结球甘蓝为主。

普通结球甘蓝依叶球形状不同,可分为尖头类型、圆球类型和扁球类型3个基本生态型。

尖头类型:叶球近似心脏,大型者成为牛心,小型者成为鸡心。外叶较直立、开展度较小、深绿色,叶面蜡粉较多。一般冬性较强、不易发生先期抽薹,且较抗寒,多为早熟品种,在我国一般作为春季早熟甘蓝栽培。

圆球类型:叶球圆球形或近圆球形,多为早熟或中熟品种。叶球紧实,球叶脆嫩,品质较好。但此类型许多品种冬性较弱,抗病性不强,在我国北方主要作春季早熟甘蓝栽培。在我国南方,春季栽培易发生先期抽薹,故栽培较少。

扁球类型:叶球较大、球形扁圆,冬性介于尖头类型和圆球类型之间,但也有不少冬性、抗病性强的品种。我国各地栽培的中熟、晚熟甘蓝以及夏秋甘蓝品种多属于此类型。

甘蓝按栽培季节可分为春甘蓝、夏甘蓝、秋甘蓝和冬甘蓝。按熟性可以分为早熟品种、中熟品种、晚熟品种等。

甘蓝按叶色与叶面是否皱缩,可分为普通甘蓝、紫甘蓝和皱叶甘蓝。紫甘蓝又有红叶甘蓝、赤球甘蓝等,色泽艳丽,含有丰富的色素,叶球紫红色或深红色。皱叶甘蓝为十字花科芸薹属甘蓝种中能形成具有皱褶叶球的一个变种,它与普通结球甘蓝的区别在于它的叶片卷皱,而不像其他甘蓝的叶那样平滑。

此外,在形态上还有羽衣甘蓝、抱子甘蓝等。羽衣甘蓝是甘蓝类的一个变种,接近野生种,分观赏羽衣甘蓝和菜用羽衣甘蓝两种。观赏羽衣甘蓝,叶色丰富多变,叶形不尽相同,叶缘有紫红、绿、红、粉等颜色,叶面有淡黄、绿等颜色,整个植株形状如牡丹。菜用羽衣甘蓝绿色或淡绿色,叶柄比观赏羽衣甘蓝略长,以采收卷曲的羽状内叶为蔬菜。

2. 品种选择如何影响甘蓝的商品性?怎样正确选择甘蓝品种?

(1)品种选择对甘蓝商品性的影响 一个优良品种总是在某一个或几个方面具有良好的经济性状,适应某一地区或当地某一时期的气候条件,同时甘蓝又具有圆球、扁球、尖头等不同类型,各地有各地不同的消费习惯,不同的气候条件、栽培季节对甘蓝品种的要求是不一样的。如果品种选择不当,比如春甘蓝品种夏种、秋甘蓝品种春种会造成减产甚至绝收;球形不符合当地的消费习惯,就可能造成丰产无市场的尴尬局面。

(2)甘蓝品种选择的一般原则

①认清种子经销单位 随着种子市场的放开,市场上往往存在部分假冒伪劣种子,菜农应选择有实力、信誉好、具有完善售后服务的种子企业购种,购种时要索取并保存好种子发票及品种说明书。

②根据栽培环境选择品种 包括以下3方面的内容:一是每一个品种有各自的地域限制,一个品种在某地表现优秀,在另一地可能就表现较差。二是各地消费习惯不一,一定要选择适合当地消费习惯的品种。三是选择适合自己栽培季节的品种,切不可把春甘蓝当作秋甘蓝种、秋甘蓝当作夏甘蓝种等。

③根据用途选择品种 如用于加工脱水蔬菜,要选择水分含

量较少、肉质甜脆、叶球扁大、球叶鲜绿、绿色层数多的品种；如用于畜禽饲料，宜选用产量高的品种；如用于鲜食，则要兼顾产量、品质及当地消费习惯。

④根据市场需求选择品种　近年来由于交通运输业和市场体系的发展，种植甘蓝蔬菜不只是满足菜农自己的需求，而是作为一种获取经济效益的手段。因此，市场需求较多的品种应作为首选品种，这样既可满足市场的需求，为市场提供充足的货源，又可降低种植风险，从而提高生产的经济效益。另外，大部分远郊及农村应根据当地自然条件，调整种植结构，适量发展外运菜，形成有特色的蔬菜生产基地，生产适宜外销的品种。

⑤根据品种特性选择品种　甘蓝蔬菜品种的特征特性主要是生育期、植株形状、叶球形状、单球重、产量、抗病性、抗逆性、适宜播种时间等。春、夏及早秋要选生育期短的品种，叶球形状主要看是否适宜当地消费习惯及市场需求，在相同管理条件下单球重高、产量高的品种就会受到欢迎。抗病性强的品种丰产稳产性好，同一品种抗性在不同年份也会有一些变化，但抗病与感病品种间的差异较大，目前抗逆性主要与耐抽薹、耐热性等有关。

⑥选择优质、高产、抗病的品种　选择品种不但要考虑产量优势，还要考虑品质、抗病性等因素。品质好，产量又高，农药残留低才能获得较好的效益。

⑦科学选用新品种　市场上每年都有新品种推出，对未种植过的新品种应少量试种后再扩大种植面积。

⑧弄清栽培技术　不同品种其肥水管理、病虫害防治等栽培措施都有所差异，菜农要弄清所选品种的栽培要点，良种良法才能高产丰收。引种一个新品种后可以通过改进栽培技术，如调整播期、采用保护设施栽培等，使该品种较好地适应当地环境。

3. 甘蓝早熟品种有哪些？各有什么特点？

早熟品种从播种到初收叶球所需时间为 100～120 天,或从定植到初收在 70 天以内。早熟品种在叶球形态上多为尖头形或圆球形。选择适宜的品种是十分重要的,这里重点介绍生产上常用的一些栽培品种。

(1)8398 甘蓝　中国农业科学院蔬菜花卉研究所最新育成的早熟春甘蓝一代杂种。植株开展度 40～45 厘米,外叶 12～16 片,叶绿色,叶面蜡粉较少。叶球紧实,圆球形、浅绿色,横径约 13 厘米,纵径约 13.2 厘米,球内中心柱长约 5.8 厘米,小于球高 1/2。冬性强,不易未熟抽薹,抗干烧心病。从定植到收获约 50 天,单球重 0.8～1 千克,每 667 平方米产量达 3 300～3 800 千克,比中甘 11 增产 10%。适宜北方地区作早熟春甘蓝种植。露地栽培于 12 月底至翌年 1 月初阳畦、拱棚育苗,3 月中下旬定植,5 月中下旬收获。保护地栽培可于 12 月中旬育苗,翌年 2 月中下旬定植,每 667 平方米定植 4 500 株左右,4 月下旬收获。

(2)春甘 45　中国农业科学院蔬菜花卉研究所最新育成的极早熟春甘蓝一代杂种。植株开展度 38～45 厘米,外叶 12～15 片、绿色,叶片倒卵圆形,叶面蜡粉较少。叶球浅绿色,圆球形、紧实,叶质脆嫩,风味品质优良。冬性较强,不易未熟抽薹,抗干烧心病。从定植至商品成熟约 45 天。单球重 0.8～1 千克,每 667 平方米产量 3 500 千克左右。适合华北、东北、西北地区及云南省作春甘蓝种植,华南部分地区可秋种冬收。华北地区一般 1 月中下旬在温室或薄膜改良阳畦播种育苗,2 月下旬分苗。苗床应控制温度,防止幼苗生长过旺、过大,造成幼苗通过春化条件而发生未熟抽薹。定植时间亦不可过早,一般在 3 月底至 4 月初定植于露地,每 667 平方米栽 4 500～5 000 株。

(3)夏光　上海市农业科学院园艺研究所育成的一代杂交品

种。该品种从定植至收获需 60～70 天。植株开展度 60～70 厘米,外叶 15～18 片,叶色深绿,蜡粉较多。叶球扁圆形、紧实,单球重 2 千克左右。较早熟、耐热,抗黑腐病、病毒病能力较弱。每 667 平方米产量可达 3 000～3 500 千克。适宜长江流域及华北地区种植,春、秋、冬季均可栽培。包心后期要适当控制水肥,以防止叶球腐烂及黑腐病的发生。

(4)**中甘 11** 中国农业科学院蔬菜花卉研究所选育的早熟春结球甘蓝一代杂交种。植株开展度 50 厘米左右,外叶 14～17 片、深绿色、蜡粉中等。叶球近圆形,横径 13～14 厘米,纵径 14～16 厘米,球内中心柱长 6～8 厘米。单球重 0.8～1 千克。冬性强,早熟丰产,品质优良,从定植到收获 50 天左右。每 667 平方米产量达 3 000～3 500 千克。适宜我国北方各地春季栽培。河南省露地栽培于 12 月下旬至翌年 1 月初阳畦、拱棚育苗,3 月中下旬定植,5 月中下旬收获。保护地栽培可于 12 月中旬育苗,翌年 2 月中下旬定植,每 667 平方米平均定植 4 500 株,4 月下旬收获。

(5)**中甘 12 号** 中国农业科学院蔬菜花卉研究所最新育成的早熟春甘蓝一代杂种。该品种极早熟,从定植到商品成熟 45 天左右。植株开展度 40～45 厘米,外叶 13～16 片,叶色深绿,蜡粉中等。叶球紧实、近圆形,叶质脆嫩,风味品质优良。冬性较强,不易未熟抽薹。单球平均重 0.7 千克,每 667 平方米产量可达 3 000～3 500 千克。主要适于我国北方地区春季露地种植,播种期不可过早。华北地区一般于 1 月中下旬在改良阳畦或温室内育苗,2 月下旬分苗。苗床控制温度,防止幼苗生长过旺、过大,造成幼苗通过春化的条件而发生未熟抽薹。定植时间不能过早,一般在 3 月底至 4 月初定植露地,每 667 平方米栽 5 000～5 500 株。定植时幼苗以 6～7 片叶为宜。采取 2 次 5～7 天左右的小蹲苗,以控制苗子在前期生长过旺。

(6)**中甘 15 号** 中国农业科学院蔬菜花卉研究所育成的中早

熟春甘蓝一代杂种。该品种春季从定植到商品成熟 55 天左右。植株开展度 45~48 厘米,外叶 14~16 片,叶色深,蜡粉少。叶球紧实、近圆形,叶质脆嫩,风味品质优良。冬性较强、不易未熟抽薹。单球重 1.3 千克左右,每 667 平方米产量可达 4 000~5 000 千克。适宜华北、东北、西北地区春季露地种植。在京、津等华北的一些地区可作为秋季早熟栽培。每 667 平方米栽 4 000 株左右。

(7)**中甘 17** 中国农业科学院蔬菜花卉研究所新育成的以春季为主的春、秋兼用早熟甘蓝一代杂交品种。该品种从定植至收获约 50 天。植株开展度约 45 厘米,外叶约 12 片,叶色绿、蜡粉中等,叶球紧实、近圆形,中心柱长约 6 厘米。单球重 0.9~1.2 千克,每 667 平方米产量约 3 500 千克。叶质脆嫩,品质优良,较耐裂球,耐未熟抽薹,早熟性好。适于华北、东北、西北地区及西南部分地区春、秋季露地种植。每 667 平方米栽 4 500 株左右。播种及定植均不可过早。

(8)**中甘 18 号** 中国农业科学院蔬菜花卉研究所新育成的早熟春甘蓝一代杂种。该品种从定植到收获约 55 天。植株开展度平均为 43 厘米×44 厘米。外叶色绿,蜡粉中等,圆球形。叶球紧实、耐裂球,球叶深绿,叶质脆嫩。中心柱长 5~7 厘米,单球重平均 0.9 千克。早熟性好,抗病毒病和黑腐病。一般每 667 平方米产量可达 5 000~6 000 千克。适宜在我国华北、东北、西北等地区作早熟春、秋甘蓝栽培。华北地区早秋栽培,于 6 月底至 7 月中旬播种,7 月底至 8 月初定植,每 667 平方米定植 4 000~4 500 株为宜。春季种植,于 1 月中旬播种,3 月下旬定植,每 667 平方米栽 4 500 株左右。

(9)**中甘 21** 中国农业科学院蔬菜花卉研究所最新育成的早熟春甘蓝一代杂种。植株开展度 43~52 厘米,外叶约 15 片、绿色,叶面蜡粉少。叶球圆球形、紧实,球内中心柱长约 6 厘米,外形美观,叶质脆嫩,品质优良。从定植至商品成熟约 50 天。单球重 1～1.5 千克,每 667 平方米产量可达 3 800 千克左右。抗逆性强。耐裂球,不易未熟抽薹。适合华北、东北、西北地区及云南省露地早熟春甘蓝种植;长江中下游及华南部分地区可在秋季播种,冬季收获上市。华北地区春露地栽培一般在 1 月中下旬在温室播种育苗,2 月下旬分苗。苗床应控制温度,防止幼苗生长过旺、过大,造成幼苗通过春化条件而发生未熟抽薹。定植时间亦不可过早,一般在 3 月底至 4 月初定植于露地,每 667 平方米栽 4 500 株左右。幼苗具 6～7 片叶时定植为宜。定植后实行 2 次小蹲苗,每次 5～7 天,以控制苗子前期生长过旺。蹲苗后苗子开始包心时注意追肥,浇 3～4 次水后即可收获上市。

(10)**冬甘 1 号**　天津市蔬菜研究所育成的一代早熟杂交品种。该品种从定植到叶球收获 40～45 天。株型紧凑,植株开展度 40.6～41.2 厘米。外叶 13～15 片,叶色绿色,叶面蜡粉中等。叶球近圆形、黄绿色,球高约 12.7 厘米,球茎约 12 厘米,球内中心柱长约 5 厘米、紧实。抗寒性强,无未熟抽薹和干烧心。每 667 平方米产量可达 3 000 千克左右。适宜华北地区种植。春季早熟保护地、露地栽培以及冬季日光温室栽培均可。春季栽培每 667 平方米定植 4 000～4 500 株,冬季栽培每 667 平方米定植 3 800 株左右。

(11)**春甘 1 号**　北京农林科学院蔬菜研究中心育成的早熟品种。该品种定植后 50 天左右收获。开展度 48 厘米×48 厘米。外叶数 12 片。叶球紧实、圆球形,叶质脆嫩,品质优良,冬性强,耐未熟抽薹。单球重 1～1.2 千克,每 667 平方米产量可达 3 500～4 000 千克。适于北方春季种植。华北地区于 1 月上中旬播种,2 月下旬分苗,3 月下旬定植,每 667 平方米栽 3 500～4 000 株。苗期要控制温度,防止幼苗生长过旺、过大,造成春化的条件而发生未熟抽薹。定植后小蹲苗 2 次,以控制生长过旺。开始包心时注意追肥。

(12)**春甘3号** 北京农林科学院蔬菜研究中心育成的早熟一代杂交品种。该品种从定植到收获50～55天。开展度约48厘米。外叶数约14片,叶色鲜绿。叶球紧实、圆球形,较耐裂球。冬性强,耐未熟抽薹。叶质脆嫩,品质优良。单球重1.2千克左右,每667平方米产量可达3500～3800千克。适于北方春季种植。北京地区春露地栽培一般在1月上中旬冷床(阳畦)育苗,3月下旬至4月上旬定植,株行距为50厘米×50厘米,为促进缓苗可在定植后覆盖地膜。

(13)**极早40天** 中国农业科学院蔬菜花卉研究所最新育成的极早熟春甘蓝一代杂种。该品种从定植到商品成熟约40天。植株开展度约40厘米,适于密植。外叶12～15片、深绿色,叶面蜡粉中等。叶球近圆形、紧实,叶质脆嫩,风味品质优良。冬性较强,不易未熟抽薹,抗干烧心病。单球重0.65千克左右,每667平方米产量可达3000千克以上。主要适于我国华北、东北、西北及云南作春露地及保护地种植。华北地区春露地种植时可于1月中下旬在温室育苗,2月下旬分苗。苗床应控制温度,防止提前春化而发生未熟抽薹。定植时间亦不可过早,一般在3月底至4月初定植露地,每667平方米栽5000～5500株。

(14)**东农610** 东北农业大学园艺学院育成的极早熟春甘蓝一代杂交品种。极早熟,生长期40～45天。植株外叶7～8片,灰绿色。开展度40～45厘米,株高24～25厘米,叶球高约10厘米,横径11～12厘米,中心柱长约3.8厘米。叶球近圆形,平均单球重0.65千克。叶质脆嫩,品质优良。抗黑腐病和病毒病。保护地栽培,1月中下旬播种,2月中下旬移植,3月中下旬定植于大棚和温室内,每667平方米种植5500～6000株,株行距35厘米×35厘米。露地栽培,2月中下旬播种,3月中下旬移植,4月中下旬定植于露地,每667平方米地种植4500～5000株,株行距35厘米×40厘米,6月中旬收获。适于北方大部分地区春季栽培。

4. 甘蓝中熟品种有哪些? 各有什么特点?

中熟品种从播种到初收叶球所需时间为120～150天,或从定植到初收叶球所需时间在70～100天。中熟品种在叶球形态上多为圆球形或扁圆形。

(1)京丰1号 中国农业科学院蔬菜花卉研究所和北京农林科学院联合育成的一代杂交品种。该品种从定植到叶球收获85～90天。开展度70～80厘米。外叶12～14片,近圆形,叶色深绿,背面灰绿,蜡粉中等。叶球扁圆形,球高约14厘米,横径约28厘米,结球较紧,球内中心柱长约6厘米、宽约4厘米。单球重2.5千克左右。生长整齐一致,杂交优势比较明显。抗病,适应性强。球叶肉质脆嫩,品质中上。冬性强,抗未熟抽薹。较耐寒、耐热,抗病毒病,不抗黑腐病。每667平方米产量可达4 000～6 000千克。适合全国各地栽培。适宜春、秋栽培以及越冬栽培。作春甘蓝栽培,10月上中旬播种,11月下旬至12月上旬定植,翌年5月下旬至6月上旬收获。

(2)中甘9号 中国农业科学院蔬菜花卉研究所选育的中熟一代杂交品种。该品种定植后约85天即可收获。植株开展度60～70厘米。57全株有外叶15～18片,深绿色,蜡粉中等。叶球扁圆形略凸,单球重3千克左右。叶球紧实,球内中心柱长6.5～7.3厘米,叶质脆嫩,抗病毒病,兼抗黑腐病。每667平方米产量可达5 000～6 000千克。适宜我国各地秋季栽培。每667平方米栽2 500～2 700株。

(3)中甘19号 中国农业科学院蔬菜花卉研究所选育的中熟品种。该品种从定植到收获约80天。植株开展度为68～69厘米。外叶深绿色,蜡粉多。扁圆球,叶球紧实,中心柱长7厘米左右。抗病毒病和黑腐病。单球重平均2.5千克左右,每667平方米产量可达 5 000～6 500 千克。适宜在华北、东北、西北等地区作秋甘蓝栽培。华北地区可在 6 月底至 7 月上旬播种,7 月底至 8 月初定植。由于育苗期正值高温多雨的夏季,育苗过程中要注意遮荫、防雨和降温,并及时做好防虫等管理。每 667 平方米定植以 2 000～2 500 株为宜。

(4)**庆丰** 中国农业科学院蔬菜花卉研究所育成的中熟春甘蓝一代杂交品种。该品种从定植到商品成熟 70～80 天。植株开展度 55～60 厘米,外叶 15～18 片,叶色深绿,蜡粉中等。叶球紧实,近圆形,单球重 2.5 千克左右。冬性较强,适于春季种植。丰产性好,每 667 平方米产量可达 6 000～7 000 千克。主要适于我国北方春季种植。个别地区一般于 1 月中下旬在改良阳畦或温室育苗,3 月底至 4 月初定植于露地,每 667 平方米种植 3 000 株左右,6 月上中旬上市。华北地区亦可在 6 月下旬育苗,7 月下旬定植,10 月份收获上市。

(5)**西园 3 号** 西南农业大学园艺系育成的秋甘蓝一代杂交品种。该品种从定植到收获约 90 天。植株开展度 63～65 厘米。外叶 10～13 片,叶片绿色。叶球扁圆形,纵径 14 厘米,横径 26 厘米左右,球内中心柱长 6 厘米。单球重 2～3 千克。叶球紧实,质地脆嫩,味甜,品质优良。抗芜菁花叶病毒兼抗黑腐病。每 667 平方米产量可达 4 000～4 500 千克。除适于四川省种植外,还适于华中地区、西南地区及陕西、河南、浙江、福建、辽宁等省种植。西南地区作秋甘蓝栽培,可在 5 月下旬至 7 月中下旬播种,分苗 1 次。苗龄 40 天,8 月中下旬定植,行距 60～67 厘米,株距 50～57 厘米。11 月下旬至 12 月上旬收获。

(6)**西园 6 号** 西南农业大学园艺系选育的杂交一代品种。该品种定植后 85 天左右收获。植株开展度 62～65 厘米。外叶 12 片左右,浅灰绿色。叶球扁圆形,纵径约 13 厘米,横径约 24 厘米,单球重 1.6 千克左右。叶球紧实,球内中心柱长 6.5～7 厘米,质地脆嫩,不易裂球。田间抗病毒病兼抗根肿病。每 667 平方米产量可达 4 000 千克以上。适宜西南、华北、西北、长江流域及闽南地区作秋、冬季栽培。定植行距约 50 厘米,株距 45～50 厘米,每 667 平方米栽 2 800 株左右。

(7)秦甘 80　西北农林科技大学园艺学院蔬菜花卉研究所选育而成。该品种植株开展度约 65.3 厘米。外叶数约 12 片、灰绿色,叶片较大,蜡粉较少。球叶灰绿色,叶球扁圆形、紧实,纵径约 16.6 厘米,横径约 22.5 厘米。叶球中心柱长约 6.2 厘米。春栽的单球重 2 千克,秋栽的单球重 2.4 千克。冬性强,春季栽培耐先期抽薹。商品性好。成熟球叶鲜嫩,质脆甜。抗病毒病和黑腐病。每 667 平方米产量可达 4 800～5 000 千克。适宜西北地区和长江流域种植。春季栽培,10 月中旬播种育苗,11 月上旬阳畦分苗覆盖越冬,翌年 2 月下旬至 3 月上旬定植,每 667 平方米栽 2 800 株左右,5 月中旬至 6 月上旬收获。北方地区 6 月中旬育苗,7 月下旬定植,每 667 平方米栽 2 400～2 600 株,10 月中旬收获。

(8)吉秋　吉林省蔬菜花卉科学研究所杂交选育而成。该品种从定植到收获 85 天左右。植株生长势较强,植株较直立,开展度 70 厘米左右。外叶扁圆形、绿色,外叶数 12 片左右。叶球扁圆形、浅绿色,叶球重 3～3.5 千克。抗黑腐病、中抗病毒病。适宜吉林、辽宁、山西及相似生态区种植。吉林省 5 月 10 日左右露地做畦播种,6 月上旬移苗,6 月末定植,行株距 60 厘米×50 厘米。

(9)荷兰比久 1038　从荷兰引进的中熟品种。该品种生长期约 75 天。叶球圆形,包球紧实,单球重 2.6 千克左右。耐贮藏(可贮藏 1 个多月不腐烂),永久不抽薹,便于长途贩运。每 667 平方米产量可达 7 500 千克以上。适宜春、夏、秋季栽培。河南南阳地区可作越冬栽培。

(10)瑞大　荷兰皇家种子公司一代杂交中熟品种。该品种定植后 75 天左右可收获。株型紧凑,叶色深绿,蜡粉度高,抗虫性好,抗病性强。叶球圆形,结球整齐,单球重 2～2.5 千克。口感好,品质高,商品性佳,干物质含量高,耐贮运,适合鲜食和加工。耐裂球,田间适收期长,适合春季栽培。

5. 甘蓝晚熟品种有哪些? 各有什么特点?

晚熟品种从播种到初收叶球所需时间为 150 天以上,或从定植到初收在 100 天以上。

(1)晚丰 中国农业科学院蔬菜花卉研究所育成的一代杂交品种。该品种从定植到叶球收获 100～110 天。植株开展度 65～75 厘米。外叶 15～17 片,叶绿色,蜡粉中等,中肋绿白色。叶球扁平球形、绿色,单球重 2.5～3 千克,球内中心柱长约 11.8 厘米,叶球紧。耐寒性中等,耐旱涝,耐贮运。较抗病毒病,易感黑腐病。适于各地秋、冬季种植。每 667 平方米定植 2 200～2 400 株,产量可达 5 000～7 000 千克。

(2)争春 上海市农业科学院园艺研究所培育的越冬甘蓝一代杂交种。植株开展度为 50 厘米。外叶 7～9 片,叶色浅绿,叶面蜡粉较少。叶球牛心形,收获晚则易裂球,单球平均重 0.5 千克。该品种生长势强,耐寒性好,品质优良,可作为越冬栽培。河南省越冬栽培争春甘蓝应于 9 月 30 日至 10 月 5 日播种,11 月中下旬定植,翌年 4 月下旬至 5 月上旬收获。

(3)秋丰 中国农业科学院蔬菜花卉研究所和北京市农林科学院育成。该品种从定植到收获 100 天左右。生长势强,开展度 70 厘米。叶片灰绿色,莲座叶 15～17 片。叶球扁圆形、绿色。整齐度高,单球重 2 千克左右。抗黑腐病。一般每 667 平方米产量可达 4 000～5 000 千克。适宜华北地区秋季露地种植。一般 6 月中旬播种,7 月中旬定植,10 月底收获。每 667 平方米栽 2 500～2 700 株。

6. 紫甘蓝主要品种有哪些? 各有什么特点?

目前生产所用品种多从国外引进,属圆球类型。主要有以下几个品种。

(1)红亩 由美国引进,中熟品种。植株较大,生长势强,开展度 60～70 厘米,株高约 40 厘米。外叶 20 片左右,叶色深紫红色。包球非常紧密,叶球近圆球形。单球重 1.5～2 千克,每 667 平方米产量可达 3 000～3 500 千克。从定植到收获需 80 天左右。可在各个季节和各种栽培模式下栽培。

(2)早红 从荷兰引进的早熟品种。植株中等大小,生长势较强,开展度 60 厘米。外叶 16～18 片、紫色,有蜡粉。叶球为卵圆形,基部较小,包球紧实。单球净重 0.75～1 千克,每 667 平方米产量可达 2 500 千克左右。从定植到收获 65～70 天。

该品种抗性强,春、秋季保护地及露地均可栽培。株行距 40 厘米×50 厘米,每 667 平方米栽 3 300 株左右,每 667 平方米用种量 50 克左右。

(3)紫甘 1 号 由国外引进的品种中选出。株型较大,生长势较强,开展度 65～70 厘米。外叶 18～20 片,叶紫红色,被覆蜡粉较多。叶球重 2～3 千克,每 667 平方米产量可达 3 000～3 500 千克。从定植到收获 80～90 天。耐贮性及抗病性较强,适于春、夏、秋季露地及春季保护地栽培。

(4)巨石红 由美国引进的中熟品种。植株较大,生长势强,开展度 65～70 厘米。外叶 20～22 片,叶深紫红色,圆形略扁,直径 19～20 厘米。单球重 2～2.5 千克,每 667 平方米产量可达 3 500～4 000 千克。从定植到收获 85～90 天,耐贮性强。适于春、秋季露地栽培。

(5)旭光 台湾农友种苗股份有限公司选育的早熟品种。该品种定植后 65 天左右即可成熟。外叶 14～16 片、紫绿色,叶缘稍有波状。叶球圆球形、紫红色,单球重 1 千克左右。结球紧实不易裂球,耐贮运,中心柱细。叶肉白色,配色优美。对温度适应性较广,耐低温和高温能力较强。一般每 667 平方米产量 3 000～3 500千克,最高可达 4 000 千克。叶球形成的适宜温度为 17℃～20℃。每 667 平方米栽 4 500～4 800 株。

(6)**特红 1 号** 北京市特种蔬菜种苗公司从荷兰引进的紫甘蓝中选出。该品种从定植到收获 65～70 天。植株生长势中等,开展度 60～65 厘米。外叶为 16～18 片,叶紫色、有蜡粉。叶球为卵圆形、基部较小,叶球紧实。单球重 0.75～2 千克,每 667 平方米产量可达 2 500 千克左右。适宜春、秋季保护地及露地栽培。

(7)**红宝石** 该品种中早熟品种。从定植到收获 72 天左右。生长势强,外叶少、紫红色。叶球紧实,圆球形、紫红色,中心柱短,不易裂球。单球重 1.5～2 千克,每 667 平方米产量可达 3 500 千克。适宜春、秋季露地及早春保护地种植。

(8)**紫阳** 从日本引进的一代杂交品种。该品种从定植到叶球收获 90 天左右。植株开展度 65～70 厘米。外叶 18～20 片,叶色紫红色,蜡粉较多。叶球圆形,单球重 1.8～2 千克,球内中心柱长约 6.5 厘米。品质好,抗病毒病和黑腐病。每 667 平方米产量可达 3 000 千克左右。适宜春、秋季栽培,每 667 平方米定植约2 400 株。

(9)**红路** 从日本引进的早熟品种。该品种定植后 65～70 天可收获。叶球圆球形、紫红色,外观漂亮。单球重 1.3～1.5 千克,不易裂球,田间保持期长。长势强,耐热、耐寒性强,抗病性好。适宜春、秋季保护地和露地栽培。

(10)**早生** 该品种定植后 65～75 天可以收获。叶球为圆球形,单球重 1.5 千克左右,叶色深紫,结球整齐,商品性好,裂球晚,耐贮运。适合春、秋两季种植。

(11)**超紫** 从日本引进的杂交品种。该品种叶球为圆球形,单球重 1.2～1.5 千克。定植后约 70 天可以收获。叶色深紫,整齐一致,易于管理。裂球晚,耐贮运,适合加工各种料理。春、秋季栽培表现好。

(12)**鲁比紫球** 从日本引进的一代早熟杂交品种。自播种到收获需 95～100 天。叶片深紫红色,表面蜡粉浓厚。叶球圆球形,单球平均重 1.2 千克左右。耐热性强,低温期间结球性好。

(13)**中生鲁比紫球** 从日本引进的一代中熟杂交品种。该品种从播种至收获需 110～120 天。生长势旺。叶片紫红色,表面蜡粉浓厚,叶球紧实,单球平均重 1.6 千克。抽薹迟,耐寒,低温期结球性良好。很耐贮藏。

(14)**紫甘蓝品种 90-169** 北京蔬菜研究中心选育成的早熟一代杂交品种。从定植到收获 80～90 天。植株开展度 45～50 厘米。叶色深红,叶蜡质较多,外叶 12～14 片。叶球紫红色、近圆形,中柱心高 4～6 厘米,质地脆嫩。耐热、耐寒性强,抗裂球性好,叶球充实后可延长采收。

7. 抱子甘蓝主要品种有哪些? 各有什么特点?

抱子甘蓝依植株高度不同可分为高矮两种类型。矮生种,茎高 50 厘米左右,早熟;高生种,茎高达 100 厘米以上,晚熟。依芽球大小亦可分为大抱子甘蓝和小抱子甘蓝。大抱子甘蓝直径大于 4 厘米,产量高,但品质较差;小抱子甘蓝直径小于 4 厘米,品质较好。从移栽至第一个芽球成熟,早熟种需 90～110 天,晚熟种需 120～150 天。要根据当地气候条件及现有的农业设施和市场的需要,选择适宜的品种。大棚种植易选用早熟品种,日光温室栽培还可选用中熟品种。

(1)**绿橄榄(Oliver)F1** 由荷兰诺华公司培育。早熟,定植后 100～120 天能成熟。耐寒性强,产量高,品质好。适合春、秋季保护地种植。

(2)**早生子持 F1**　从日本泷井公司引进。早熟,定植后 90 天左右收获。株高 50～60 厘米。结球整齐而坚实,品质好,在较高或较低温度条件下均能结球。适合春、秋季保护地种植。

(3)**王子**　从美国引进的杂交一代早熟品种。植株高生型,株型苗条。小叶多而整齐,可鲜销或速冻。从定植到收获 96 天左右。栽培方法与晚熟种甘蓝基本一样。不耐高温,在高温夏季小叶球容易松散。

(4)**斯马谢**　从荷兰引进的杂交一代晚熟品种。从定植到采收需 120～130 天。植株中高型。叶球中等大小、深绿色、紧实,整齐,品质好。耐贮藏,经速冻处理后叶球颜色鲜艳美观。该品种耐寒性极强,适宜冬季保护地栽培。

(5)**探险者**　从荷兰引进的晚熟种。定植后约需 150 天收获。植株中高至高型,生长茂盛。叶片绿色、有蜡粉,单株结球多。叶球圆球形,光滑紧实、绿色,品质极佳。该品种耐寒性很强,适宜早春、晚秋露地栽培或冬季保护地栽培。6～10 月份可以排开播种,每 667 平方米用种量 25 克左右。播种后 35～45 天、真叶 5～6 片时可定植,定植行距 70 厘米、株距 50 厘米,每 667 平方米约栽2 000 株。

(6)**多拉米克**　从荷兰引进的杂交一代品种。从定植到收获需 120～130 天。中高型,生长茂盛茁壮。芽球光滑,易采收。耐贮藏,耐热性较强,适于春、初夏栽培。

(7)**增田子特**　从日本引进的中熟品种。定植后 120 天开始采收。植株生长旺盛,节间稍长,株高 100 厘米左右。叶球中等大小,直径 3 厘米左右。不耐高温。适宜秋播,冷凉时结球,可全株一起采收。

(8)**科仑内**　从荷兰引进的杂交一代中熟品种。植株高 100厘米左右。叶灰绿色。芽球光滑,直径 3 厘米左右,生长整齐,可机械采收。露地春栽于 2 月上旬保护地育苗,3 月中旬定植,6 月下旬采收。如育苗定植则 130 天后采收。

(9)**温安迪巴** 由英国引进的杂交一代中晚熟品种。从定植到收获 130 天左右。矮生型,株高约 40 厘米,植株生长整齐。叶片灰绿色。叶球圆球形、绿色,品质较好。

(10)**京引 1 号** 北京农林科学院从国外引进的优良品种中选育的中熟品种。从定植到收获约需 120 天。矮生型,株高约 38 厘米。叶片椭圆形、绿色,叶缘上抱。叶球圆球形、较小、紧实,品质好。

(11)**湘优绿宝石** 隆平高科湘研种苗分公司育成的一代杂交品种。从定植到始收 90 天左右。植株生长势中等,株高约 60 厘米,开展度约 50 厘米。小芽球紧实、细嫩,叶球纵径 4.2 厘米、横径约 3.2 厘米,平均有小芽球 50 个左右,单个鲜芽球质量约 14 克,株产约 500 克,每 667 平方米产量可达 1000 千克左右。耐寒,抗病性好。

8. 皱叶甘蓝主要品种有哪些? 各有什么特点?

目前,我国皱叶甘蓝栽培面积不大,生产上利用的品种有限,均为从国外引进的品种。

(1)**诺维沙** 从荷兰引进的杂交一代品种。叶球略扁平、黄绿色、紧实,外叶深绿。较耐热,适于夏季及早秋栽培。

(2)**普罗玛莎** 从荷兰引进的杂交品种。叶球紧实、卵圆形,浅黄绿色。单球重 1.8 千克。外叶少,深灰绿色。冬性强,定植后 85 天左右收获。全年均可栽培。

(3)**极早生皱叶甘蓝** 从日本引进。植株外叶少、深绿色。叶球长圆锥形、浅黄色,结球紧实。叶质柔软,品质好。单球重 1 千克。定植后 50 天左右收获,可全年分期分批播种。

（4）**中生皱叶甘蓝**　从日本引进。该品种叶球为略扁的圆球形，叶球紧实、乳黄色。单球重约 1.6 千克，外叶深绿色。定植后 80 天左右可收获。较耐旱，不耐涝，耐寒性强，富含维生素。适于春、秋两季栽培。

（5）**卷心菜王 333 号**　从美国引进的杂交一代品种。叶色深灰绿，结球紧实。植株生长快，从定植到采收约 90 天。产量高，品质一般。适于春、秋季栽培。

9. 羽衣甘蓝主要品种有哪些？各有什么特点？

根据叶面皱缩与否，可分为皱叶型和平滑型；根据植株高矮可分为高生种和矮生种；根据用途可分为观赏种和菜用种。

（1）**沃特斯**　由美国引进。适于市场鲜销和加工。植株中等高，生长旺盛。叶片无蜡粉，深绿色。嫩叶边缘卷曲成皱褶，密集成小花球状。质地柔软，风味浓。耐贮性强，耐寒力很强，耐热性良好，耐肥。抽薹晚，采收期长。可春、秋季露地栽培或冬季大棚、温室栽培。从播种到开始采收约需 55 天。春季播种的如管理得好，可一直采收到冬季，每 667 平方米产量可达 2 500～3 000 千克。

（2）**阿培达**　由荷兰引进的一代杂种。植株中等高，生长势中等。叶呈蓝绿色，卷曲度大，外观丰满整齐。品质细嫩，风味好。其抗逆性很强，可春、秋季露地栽培或冬季保护地栽培。产品经加工和烹调后能保持鲜绿的颜色和独特的风味。

（3）**科仑内**　由荷兰引进的一代早熟杂种。植株中等高，生长迅速而整齐，可用机械采收。耐寒力强，耐热性高，耐肥水。一般于 3 月中旬播种，管理的好可陆续采收到 9 月下旬。

（4）**穆斯博**　由荷兰引进的一代杂种。植株中等高，生长旺盛，叶缘卷曲度大且美观，叶绿色。耐寒力与耐热力均较强，适于秋、冬季栽培。与其他品种比较，黄叶现象出现的少。适于秋、冬季栽培。

(5)京引 104003　引自美国。植株高大。叶深绿色，叶缘卷曲度大、呈椭圆形，毛刷状。抗逆性强，抗寒耐热。采收期长，春种的采收可延至冬季。

(6)京引 104006　引自英国。植株高生型。叶浅绿色，叶缘卷曲度极大。耐热性比其他品种强，夏季栽培表现良好，加强肥水管理能延长采收期。

四、栽培模式与甘蓝商品性

1. 甘蓝的栽培季节和栽培形式有哪些?

(1)栽培季节 结球甘蓝为耐寒性蔬菜,对温度的适应范围很广。在北方除了严寒的冬季外,春、夏、秋季均可露地栽培;在南方除了最炎热的夏季不能栽培外,春、秋、冬季均可露地栽培;在西南、长江流域、黄淮流域各省、直辖市一年四季均可栽培。

(2)栽培形式 按1年内茬次安排的不同,又分为1年1茬、1年2茬、1年多茬。

①1年1茬栽培 东北、华北、西北及青藏等高寒地区,选用中、晚熟品种,春末夏初育苗,夏栽秋收。生长期长,结球个体大,是我国结球甘蓝的主产区。

②1年2茬栽培 华北、东北、西北及南方各地,选用早、中熟品种,冬、春季育苗,早春栽培,春末夏初收获,即春季栽培;选用中、晚熟品种夏季育苗,夏、秋季栽培,秋、冬季收获,即秋季栽培。这两茬是我国结球甘蓝的主要栽培季节,分别称为春结球甘蓝和秋结球甘蓝。

③1年多茬栽培 华北、西北和长江流域各地,除作春季栽培和秋季栽培外,还选用耐热的中熟品种于春季育苗,春末夏初栽培,夏、秋季收获,称为夏结球甘蓝。华南、长江流域及黄淮流域各地,选用中、晚熟品种,夏、秋季育苗,冬季栽培,冬、春季收获,称为冬结球甘蓝。

甘蓝属于植株春化型植物,萌动的种子在低温作用下不能完成春化。在栽培过程中经常造成重大损失的就是甘蓝的未熟抽薹现象。甘蓝喜温和冷凉的气候,不耐炎热,耐寒,15℃～25℃最适宜。结球时期，高温阻碍包心过程，如再加上干旱，就会使叶球松散，降低产量和品质，甚至使球叶展开，达不到包心的目的。甘蓝栽培季节的安排原则就是依据此两方面的原理来制定，实际应用中就是要严格按照品种要求确定播种期，甘蓝适宜播种时间范围很窄，适期播种是确保甘蓝质量的关键技术措施。

2. 甘蓝栽培的茬口如何？茬口安排的原则是什么？

按茬口安排的不同，可分为连作和轮作。连作是指 1 种作物连续 2 个茬次或 2 年以上种植在同一地块上的现象。连作容易造成土壤变瘠、生产能力下降等现象。连作危害主要有 3 个原因：一是土壤营养元素的缺乏或失调；二是土壤有害物质或不良微生物群落的产生；三是病害虫害的大量积累。近年来随着人口的增加和工业的发展，人均占有耕地面积大大减少，蔬菜连作危害越来越严重。解决蔬菜连作危害最有效的措施就是轮作。

轮作是指在同一地块上，按一定年限，轮换栽种几种性质不同的作物。轮作也称换茬或倒茬。生产实践和科学试验结果表明，轮作可以有效地减少病虫害的发生。蔬菜轮作可采用菜菜轮作、菜粮轮作等形式。在菜菜轮作方面，主要考虑前后茬蔬菜作物不仅不存在同种病虫害，而且也不存在相同的营养吸收规律和相同的根系有害物质，最好使前后茬作物起到互利作用。例如，大蒜等根系是须根类型，不但土壤下层的养分不能完全吸收，而且它的根系在生长过程中还能分泌一种大蒜素，它的溶液就是一种杀菌素，对多种细菌、真菌等有较强的抑菌和杀菌作用。因此，在大蒜后茬栽培甘蓝，不但地力肥沃，而且病害也较轻。豆科作物的豌豆、菜豆、豇豆等，由于根系上的根瘤菌有固定氮素的作用，使土壤肥力增加，也有利于后茬甘蓝、花菜的生长发育。再如以黄瓜为前茬，对后茬作物的生长特别优越，这是因为以下原因：一是因为黄瓜需要大量施肥才能符合其生长发育要求，一般施肥量要高于其他蔬菜；二是因为黄瓜根系较弱、分布较浅、吸收能力有限，所以，黄瓜收获后存留于土壤中的肥料也较多，对后茬栽培需肥量较大的蔬菜就是最好的前茬。此外，不同种类的轮作，也要因地而异。在城市近郊地区，劳力多，土地少，肥源充足，为了发挥土地潜力、提高单位面积产量，应统筹安排菜与菜的轮作制。

在菜粮轮作上，主要考虑蔬菜和粮食作物对环境条件基本要求的某些差异及不同季节经济效益的不同等情况来安排。如蔬菜作物可与玉米、小麦进行轮作，这样不仅减少连作之害，甚至还可取得菜粮双丰收之利。小麦喜冷凉气候，冬小麦和北方地区的春小麦，在春季冷凉季节生长发育，进入夏季开始收获，收获后进行翻耕晒土，为下茬栽培甘蓝创造优越条件。

蔬菜实行轮作，不仅应避免同种蔬菜连作，而且也应避免同类蔬菜连作。如十字花科蔬菜中的白菜、甘蓝、萝卜、花菜等，它们之间连作后会使病害不断蔓延，单产显著下降。

能够完全实行合理轮作当然可以避免连作危害。但是，由于蔬菜作物种类繁多，蔬菜供应又要求数量充足、质量鲜嫩、品种多样，四季不缺，这样就要求周年生产多种蔬菜，再加上蔬菜作物生产是一个高度商品化、专业化和集约化的生产，特别是蔬菜设施生产更是如此。因此，在实际生产上，蔬菜作物连作是普遍存在的。那么，如何采取措施减轻连作危害，对于实际生产更具有现实意义。

减轻连作危害的方法主要有 3 个方面：一是要根据各种蔬菜作物的最高连作危害时间，确定不同蔬菜作物的最高连作年限。根据目前的生产实践经验与研究结果，一般认为，甘蓝、花菜等十字花科蔬菜连作不应超过 3～4 年。二是要根据不同作物对营养元素的要求，进行科学合理的施肥。科学合理施肥可以避免因连作所造成的土壤营养不平衡。三是清洁田园杂草和残物，在保护地栽培的情况下,应进行室内消毒,这样可以避免病虫害的发生。

3. 什么是间、混、套作? 甘蓝间、混、套作的原则是什么?

按蔬菜群体配置不同,可分为间作、混作、套作和立体栽培等。间作是指在同一田块上于同一生长期内分行或分带相间种植 2 种或 2 种以上作物的方式。混作是指在同一田块上,同期种植 2 种或 2 种以上作物的方式。套作是指在作物生长后期的株行间播种或移栽后季作物的方式。

实行间、混、套作可以使作物群体的田间配置更加合理,从而可以增加作物的光合面积和提高光能利用率,改善二氧化碳的供应状况,有利于作物对不同土层营养的充分利用,发挥作物的边行优势,减轻作物的病虫害的发生等。但间、混、套作的作物要搭配适当,否则将会造成不良影响。

实行间、混、套作的基本原则:①充分利用光照原则。首先应考虑作物之间的光合作用特性,即必须是一种作物需强光,而另一种作物耐弱光。其次应考虑作物的高矮搭配,使其生物群体结构合理,能够最大限度地利用自然光照。第三应考虑作物的合理配置,包括作物间的行比、密度及行向。②充分利用土壤肥力原则。即作物之间的根系深浅和所需营养的种类和数量有所不同,以充分发挥土壤的增产潜力。③生长发育代谢产物互不拮抗原则。间、混、套作的作物之间在生长发育过程中的代谢产物最好具有互相促进作用。④病虫害互不侵染原则。间、混、套作的作物不应是病虫害互为寄主的作物,同时其配置后应有利于改善复合群体内的小环境,从而达到抑制病虫害发生的目的。

常见的间、混、套作有粮菜套作、果菜套作和菜菜套作。甘蓝蔬菜较耐弱光,对弱光有较强的适应能力,在北方栽培时经常可以与玉米、番茄等高秆作物间、混、套作。

4. 菜田的土壤耕作有哪几种作业？各种耕作对甘蓝的产量及商品性有什么影响和作用？

使用农具以改善土壤耕层构造和地面状况等的综合技术体系是耕作制度中土地保护培养制度的重要环节。包括基本耕作（翻耕、深松耕等）和表土耕作（耙地、耱耪、整地、镇压、耖田等）两类。各个单项土壤耕作措施有其独特效能，而要达到良好的耕层结构和地面状况，必须根据当地自然条件和作物种植方式等，采用一系列互相配套的土壤耕作综合措施。土壤耕作综合措施可改良土壤耕作层的物理状况和耕层构造，使地表保持符合农业要求的状态。

在前茬蔬菜作物收获后利用间隔时间进行深耕。如是套作不能用牛犁、机械等深耕的，也应用锄头深挖翻地，加厚熟土层，增强土壤蓄水保肥能力，有利于甘蓝蔬菜的生长。在甘蓝育苗及定植后要及时进行土壤耕作，清除杂草，改善土壤的耕层结构和地面状况，来抑制或促进甘蓝蔬菜的生长。如春甘蓝在育苗及定植后前期，应浅锄疏松土壤，进行蹲苗，以控制苗子前期生长过旺而造成先期抽薹。

5. 山区春萝卜—夏甘蓝—秋豌豆种植效益如何？怎样管理？

浙江省泰顺县地处海拔 500～700 米的土地，推广春萝卜—夏甘蓝—秋豌豆三熟制高效栽培模式，每 667 平方米年产值达 7 000 元。

春萝卜选用早熟耐低温的日本春白玉，于 3 月中旬直播，5 月中旬开始采收，5 月底采收完毕。夏甘蓝选用耐热、耐旱的泰国夏王，于 5 月下旬播种，6 月中下旬定植，苗龄 30～35 天，收获期在 8

月中下旬。秋豌豆用厦门珍奇甜豌豆 76 号,于 8 月下旬直播,初花期 9 月下旬,10 月下旬采收完毕。

第一茬春萝卜播种前进行深耕,要求深沟高畦,畦连沟 1.3 米,施足基肥;第二茬夏甘蓝在春萝卜采收后,中耕松土,每 667 平方米用腐熟有机肥 1 500 千克、复合肥 30 千克作基肥;第三茬秋豌豆在夏甘蓝采收后中耕土壤,每 667 平方米用焦泥灰 1 000 千克、钙镁磷肥 50 千克作直播盖面肥。

夏甘蓝采用遮阳网覆盖培育壮苗,长至 6~7 片真叶时移栽大田。1.3 米宽的畦种 2 行,株距 30~35 厘米,每 667 平方米栽 3 000~3 500 株。晴天时要选择傍晚移栽。定植后用 10% 人粪尿点根,促进活棵;之后还要用 10% 人粪尿追肥 2~3 次,促进叶片生长。莲座期重施 1 次追肥,每 667 平方米施用人粪肥 1 500 千克、硫酸钾 25 千克、过磷酸钙 30 千克,促进结球。结球期追肥 2 次,每次每 667 平方米施用尿素 15 千克加硫酸钾 10 千克。

秋豌豆每 667 平方米种植 2 500 穴,每穴 3~4 粒种子。9 月份气温高幼苗极易徒长,追肥以磷钾肥为主,现蕾后进入开花期用 10% 人粪肥 1 000 千克追肥 1 次。

6. 白玉豆—水稻—甘蓝种植效益如何? 怎样栽培?

福建省古田县实行白玉豆—水稻—甘蓝 1 年三熟种植,取得了明显成效,实现每 667 平方米产值 4 900 元。

白玉豆选用当地品种,在 2 月上旬播种。在播后发芽前化学除草。苗后及时进行中耕除草。在幼苗高约 30 厘米、未开花前要及时扦插引蔓。白玉豆苗期忌积水,花荚期遇干旱要及时灌"跑马水"保持畦面湿润。开花结荚期,每隔 10~15 天施 1 次肥,花期喷施 10 毫克/升的萘乙酸,可提高坐果率。

水稻选用生育期 135 天的品种,软盘育秧,适时播种。采用软盘育秧,5月上旬播种,一般秧龄25~28天。其他按常规栽培。

甘蓝品种选用碧春、南峰或夏丰甘蓝。先将苗床土深翻整平,每平方米施入48%三元复合肥75克,并与50%福美双8~10克等量混合,进行苗床消毒和杀死地下害虫。甘蓝9月上旬播种,播种前将苗床用水浇透、搂平。用刀或竹片把苗床土分成5厘米×5厘米的小方块,播种后用火烧土盖种,随即加盖遮阳网。苗龄控制在25~30天,采用黑地膜覆盖栽培,移栽后浇足定根水。施肥坚持"宜早、前重、后轻"的原则。定植成活后早施提苗肥,每667平方米追施10~15千克尿素;在甘蓝生长莲座期和包心前期重施追肥,每667平方米追施三元速效复合肥15~20千克;在结球后期轻施追肥,每667平方米施三元速效复合肥10千克。苗期保持土壤湿润。结球膨大期保证有充足的水分供应,促其包球紧实。干旱时要定期浇水抗旱,多雨天气应排水降渍。

7. 夏甘蓝套种玉米栽培有什么好处?怎样栽培?

夏甘蓝和玉米间套作,玉米可以起到遮荫降温作用,给甘蓝生长创造良好的环境,减轻甘蓝病毒病及软腐病的发生。粮菜双收,是实现高产高效的有效途径之一。

夏甘蓝可选用耐热品种夏光甘蓝,于4月下旬播种育苗,5月中下旬定植。玉米可选用紧凑型中晚熟品种,于6月上旬点播玉米。种植条带幅宽为140厘米,每带种甘蓝2行、玉米2行。可选前茬为草莓、大葱、莴笋等地块,4月下旬整地,每667平方米施腐熟农家肥5 000千克、复合肥50千克。深翻耙平后按140厘米宽等距划线,依线起垄,垄高20厘米、垄宽40厘米。

5月中下旬在垄两侧按株距40厘米定植甘蓝2行,每667平方米栽2 380株,栽苗后进行浇水,缓苗后浅中耕1次;6月上旬在2行甘蓝株侧按行距70厘米、株距24厘米,定向点播玉米2行,每 667 平方米保苗 4 000 株左右。甘蓝、玉米都呈宽窄行种植。玉米定苗时注意选留叶子伸展方向与行间一致的植株,以增强玉米行间的通风透光。

在甘蓝进入莲座期,每 667 平方米穴施尿素 20 千克,施肥后进行浇水。在开始包心时浇 2 次水,并随浇水每 667 平方米追尿素 5～10 千克,以后视土壤湿度再浇 1～2 次水。7 月底至 8 月上旬甘蓝包球紧实后即可陆续采收上市。

玉米进入大喇叭口期,是需水需肥的关键时期,应及时追肥、培土、浇水,结合浇水每 667 平方米施尿素 15 千克。在玉米孕穗期,每 667 平方米追三元复合肥 20 千克、尿素 10 千克。9 月中旬每 667 平方米可收获玉米 400～500 千克、甘蓝 2 500～3 000 千克,产值可达 1 800～2 000 元。

8. 黄瓜—芹菜—秋甘蓝—秋菠菜栽培模式效益如何? 怎样栽培?

安徽省淮北市实行黄瓜—芹菜—秋甘蓝—秋菠菜栽培模式,1 年生产 4 茬精细菜,每 667 平方米经济效益达到 15 000 元以上,除去各项投入和折旧,每 667 平方米纯效益 10 000 元以上。黄瓜—芹菜—秋甘蓝—秋菠菜茬口安排:黄瓜 2 月上旬播种,3 月中旬定植,5 月中旬上市;芹菜 5 月中旬播种,7 月中上旬定植,9 月上旬上市;秋甘蓝 7 月上旬播种,8 月上旬定植,10 月中旬上市;菠菜 10 月下旬播种,翌年元旦至春节上市。

黄瓜应选择早熟、高产、抗寒性好、综合性状优良的品种,如津春 2 号、津优 1 号、津绿 1 号等。采用催芽后营养钵育苗,苗龄 45～50 天,3 叶 1 心,符合壮苗要求。稳钵定植,全地膜覆盖,每 667 平方米定植 4 200～4 500 株。

芹菜以西芹为主,如文图拉、高由它、脆嫩西芹等。催芽播种,先用 55℃温水浸泡种子 2～3 小时,在 25℃～28℃的适温条件下催芽,种子露白后即可播种。育苗畦采用平畦,浇足水后撒播种子。播种后在种子上面撒 1 厘米厚的过筛细土,遮荫出苗,齐苗后除去遮荫物,自然生长。苗期适当浇水,喷施硼砂和磷酸二氢钾 2～3 次。采用平畦定植。整个芹菜生长期处于夏季高温阶段。在管理上要注意遮荫降温,可用遮阳网或者破旧的薄膜等遮蔽,以利提高芹菜品质,使生产出来的芹菜鲜嫩。

秋甘蓝品种选用中甘 12 号、8132、晚丰为主。采用高畦育苗,浇足底水播种,播种后上盖 1 厘米厚过筛细土,然后再撒盖一层麦糠保湿。平畦定植,畦宽 1.5 米,每 667 平方米定植 3 000～3 200 株。适时浇水,保持土壤湿润。团棵期、包心初期分别追施三元复合肥 1 次,每次每 667 平方米施 20～30 千克。甘蓝的病害主要有猝倒病、霜霉病和炭疽病,虫害主要是菜青虫和蚜虫,每隔 7～10 天用药 1 次,做到治早、治小、治彻底。

秋菠菜品种选用以大叶菠菜为主,整地后直播。一般采取条播,苗出齐后可间苗出售。菠菜需水量较大,应适时浇水,在秧苗盖满地后要追施尿素 1 次,每 667 平方米施 15 千克促棵生长。

9. 甘蓝—西瓜—棉花—甘蓝栽培模式效益如何？怎样安排生产？

河北省玉田县采取甘蓝—西瓜—棉花—甘蓝立体高效栽培模式,实现了每 667 平方米纯收入 4 500～4 800 元的高效益。

第一茬甘蓝。采用抗病、早熟、高产的优良品种北农早生,于 12 月下旬至翌年 1 月上旬采用阳畦育苗。播种后保持日温 20℃～25℃、夜温 5℃～10℃,苗出齐后及时通风降温,掌握日温 10℃～15℃、夜温 2℃～7℃。不旱不浇水,避免徒长和大苗越冬。苗长到 2 叶 1 心时分苗。分苗后把畦温提高到 15℃～20℃,缓苗后把温度降到 10℃～15℃。3 月下旬移栽。用幅宽 2 米塑膜小拱棚覆盖。畦面为东西走向。每畦栽植 3 行,株距 30 厘米,每 667

平方米留苗 3 900 株左右。定植后立即浇水。缓苗期棚内温度超过 20℃时开始通风炼苗,缓苗至莲座期中耕 1～2 次。4 月上旬撤膜,撤膜前浇 1 次水。并在包心期结合浇水,追肥 2 次,每次每667 平方米追尿素 15 千克,以后 5～7 天浇 1 水。5 月上旬当叶球长到 0.75～1 千克时即可收获上市。

第二茬西瓜。选用优良品种。选择高产、适应性广、抗病性强、品质好、耐贮运和商品性好的中晚熟品种西农大霸王、京欣 6号等,于 3 月下旬至 4 月上旬采用塑料拱棚电热温床育苗。西瓜播种至出苗期间,白天温度保持在 25℃～30℃、夜间保持在12℃～15℃;出苗至出现真叶期,白天温度保持 20℃～22℃、夜间保持 10℃～12℃;1～3 片真叶期,白天温度保持 20℃～25℃、夜间保持 12℃～13℃;定植前 5～7 天进行炼苗,白天温度 18℃～20℃、夜间温度 8℃～10℃。甘蓝收获后栽植西瓜,行距 1.8 米,每 667 平方米栽 650～700 株。

第三茬棉花。选用高产、适应性广、抗病性强、单株增产潜力比较大的品种,如 33B、99B。采用塑料拱棚营养钵内育苗,4 月上旬育苗播种。播种前 10 天左右选晴天进行晒种。播种至出苗期间,白天温度控制在 20℃～30℃、夜间控制在 12℃～20℃;出苗至3 片真叶期,白天适温为 25℃～30℃、夜间适温为 20℃～25℃;定植前 5～7 天进行炼苗,白天温度比以前逐渐降低,夜间温度不低于 12℃。5 月上中旬,甘蓝收获后移栽。早细中耕,保证棉田土壤无板结、田间无杂草。特别是雨后要及时中耕。一般不追肥不浇水。个别干旱棉田,如确需浇水也要开沟浇小水,但浇水后要及时中耕,破除板结。

第四茬甘蓝。7 月 20 日育苗,8 月 20 日移栽在棉花行间,双行栽植,平均行距 1 米,株距 30 厘米,每 667 平方米留苗约 2 200株,10 月收获。

10. 地膜甘蓝—豆角—辣椒—秋延黄瓜栽培模式效益如何？怎样栽培？

陕西省商洛地区推广地膜甘蓝—豆角—辣椒—秋延黄瓜高效套作栽培模式，茬口衔接紧凑，1 年四熟，投资少、效益高。平均每667 平方米产值 6 700 多元，扣除各项投资 680 元外，净收益 6 020 多元，效益可观。

3 月上旬按 1 米的行距起垄覆膜，垄宽 50 厘米，及时错位移栽 2 行甘蓝，株距 40 厘米左右；4 月上中旬在甘蓝行中间直播 1 行豆角，穴距 30 厘米。甘蓝在 5 月中旬收获后及时在该行移栽 2 行辣椒，穴距 30 厘米；豆角 7 月下旬拉秧后错位移栽 2 行秋延后黄瓜，株距 35～40 厘米，黄瓜 8 月中旬始收，10 月中下旬拉秧。

甘蓝选用成熟较早、抗病性强的中甘 11、春甘 45 等良种，于 2 月中旬在阳畦或拱棚内育苗，5～6 片真叶时带土移栽。定植后 15 天左右随水进行追肥。植株进入莲座期开始旺盛生长，进行蹲苗，一般 10 天左右即可，当叶片挂上蜡粉、心叶开始抱合时要停止蹲苗。然后开始浇水追肥，促进结球。结球期是甘蓝生长量最大的时期，浇水次数要勤，并随浇水重施 1 次化肥，每 667 平方米用尿素 25 千克左右，并可适当追施硫酸钾或草木灰。当叶球紧实后在收获前 1 周停止浇水，以免叶球生长过旺而开裂。一般在抱球后 45 天左右可陆续采收上市。

豆角品种选用抗病、高产、早熟的架豆王、双丰架豆等良种，4 月上中旬进行直播，出苗后间苗 1～2 次，最后每穴留 2 苗。定苗后及时进行中耕，出苗后到结荚前要少浇水进行蹲苗，特别是初花期不浇水。植株长到 20～30 厘米时，搭架引蔓，整枝抹芽，打去主蔓第一花序以下侧枝和第一花序以上的弱小芽。

辣椒品种选用 8819 线椒或丰力 1 号线椒，3 月上旬育苗，5 月中旬起垄带花移栽。定植前施足基肥,开花期不浇水,头茬果如豆大时酌情浇水。第一、二层果肥大期需水量较多,应保持地面湿润,开始采收时需施攻果肥。

秋延后黄瓜品种选用抗病、高产的秋魁、津杂 2 号等良种,6 月下旬育苗,7 月中下旬定植,定植后浇定植水。缓苗到结瓜初期促根控秧,要少浇水不追肥。5～6 片叶时,用竹竿搭架绑蔓,摘除卷须和下部老叶、病叶。早摘根瓜,防止坠秧。

11. 怎样进行甘蓝—玉米—韭菜小拱棚种植?

甘蓝选用 8398 等优良品种,在 1 月中旬播种于阳畦。播种前用 20℃～30℃温水浸种 2～3 小时,捞出放在 20℃～25℃条件下,催芽 2 天。种子露白尖播种,播后覆盖细沙土 0.5 厘米厚,然后覆盖塑料薄膜和草苫。3 叶期以前促壮苗防徒长,温度白天保持20℃～30℃,夜间不低于 2℃～3℃。土壤湿度以保持湿润、不裂缝为宜。3 叶期后增温保温,预防先期抽薹,温度白天 20℃～25℃,夜间不低于 10℃。定植前 10 天左右通风炼苗,一般在 3 月底、4 月初进行。可以采取大垄 3 行种植模式,在宽 1 米的畦内栽3 行甘蓝,行距 40 厘米,株距为 30 厘米,每 667 平方米栽 2 800 株左右。栽后扣小拱棚,并及时浇水,以水稳苗。栽后共浇 3 次水,结球初期结合浇水追尿素 15 千克。用药剂防治菜青虫 2 次,到 5 月中旬收获。

玉米选择适合当地种植的春玉米优良品种,于 4 月下旬播种在甘蓝畦背上,每 667 平方米留株数 3 500～4 000 株。于 8 月中旬至 9 月上旬适时收获。

韭菜选择有机质丰富疏松的地块作为苗床,3 月 20 日左右进行播种。韭菜出土后不要过早浇水,以免降低地温,导致土壤板结。当苗高长至 5 厘米时,要进行间苗、定苗,最后使韭菜间距保持在 3 厘米×3 厘米左右,并及时除草。6 月中旬进行移栽,移栽

到甘蓝茬口。栽植前要深翻土地,施足基肥。每畦栽 6 行,行距
15 厘米,株距 12 厘米,栽植深度以埋没小鳞茎为准。生长期间还
应结合浇水分次追肥,促使假茎生长。11 月上旬收获上市。

12. 小拱棚韭菜—甘蓝—青椒栽培模式怎样种植?

山东省德州市推广小拱棚韭菜—甘蓝—青椒间作套种栽培模
式,获得了较好的效益,平均每 667 平方米收益 10 000～12 000
元。

韭菜品种选用河南 791 韭菜、浙江兴白根韭菜,甘蓝品种选用
8398、荷兰顺丰等,青椒品种选用上海茄门甜椒、农大 4 号甜椒。2
月中旬阳畦温床育青椒苗,4 月下旬定植,地膜覆盖,株行距 30 厘
米×60 厘米,全年进行生产。4 月上旬在大垄内播种韭菜,开沟撒
播,经过 1 年养根生产,于 10 月底扣棚,进行连秋越冬生产。11
月下旬阳畦播种甘蓝,翌年 2 月上旬定植于韭菜行间,4 月上旬收
获。

甘蓝育苗期要根据韭菜的生长发育期来确定。甘蓝的定植期
定在韭菜二刀收获期前推 2 个月,一般在 11 月中下旬进行播种,
采用阳畦育苗。苗床播种前浇足底水,施足基肥,撒播或点播种
子,及时覆盖草苫,早揭晚盖,防止低温伤害,形成甘蓝幼苗春化。
定植前 1 周注意逐步加大通风口,进行低温锻炼。在韭菜第二刀
收获后行间施足肥料,每 667 平方米施用尿素 15 千克、磷酸二铵
10 千克,耙匀。选择晴朗天气选壮苗带坨移栽定植甘蓝。定植后
小水浇灌,促进缓苗。这一遍水对韭菜和甘蓝的生长都有促进作
用,一定要浇透、浇匀。此后约 5 天甘蓝进入蹲苗期。大约过 10
天,蹲苗期过后浇 1 次大水,同时每 667 平方米施用尿素 10 千克、
氯化钾 5 千克,促进甘蓝生长、结球,最后注意甘蓝要适时收获。

13. 大棚青花菜—夏甘蓝—延秋番茄栽培模式怎样进行栽培管理?

为提高复种指数,增加经济效益,山东省临沭县总结出一套1年3种3收种植模式,经济效益明显提高,一般每667平方米产值在5 000元以上。

青花菜选用早熟、抗病、丰产性好的品种,如天绿、秋绿、墨绿等。于11月下旬至12月中旬在日光温室内育苗,翌年2月中旬定植,4月下旬至5月下旬采收。越夏甘蓝可选择耐高温、结球性能好的早熟品种,如夏光等。于5月上中旬播种,5月下旬至6月上旬定植,7月下旬至8月上旬采收。番茄可选择早期耐热、后期又耐寒、抗病的早、中熟品种,于7月下旬至8月上旬播种,苗龄30天及时定植,11月上旬至12月上旬采收。

青花菜幼苗3片真叶时分苗,5~6片真叶时定植。定植后为促进缓苗,密闭大棚3~4天。缓苗后白天室温控制在25℃左右,夜间在10℃以上。进入采收期,每次采收后要追肥1次,以促进侧花球生长。在莲座叶和花球形成期要及时浇水,保持土壤湿润。雨季应及时排水,以免引起沤根。青花菜易产生侧枝,主球未采收前应先打去侧枝。

夏甘蓝采用营养钵或营养土块育苗,每个营养钵或营养土块播种1粒种子。幼苗3片真叶时进行分苗。青花菜采收后结合整地施腐熟有机肥,缓苗后5~7天每667平方米追施尿素10千克,促进幼苗生长,隔10~15天再追施1次。定植后25~30天植株即将封垄,并开始包心,此时应控水蹲苗。待大部分植株叶球形成时,及时追肥,结合浇水每667平方米追施尿素15~20千克,促使叶球生长。

延秋番茄幼苗苗龄30天时及时定植,每667平方米定植

2 500～3 000 株,并浇定植水。缓苗后 5～7 天追施 1 次肥。10 月上中旬日光温室或塑料大棚上棚膜,温度白天保持 20℃～25℃、夜间 13℃～15℃,白天通风。开花时,室温白天维持在 25℃～28℃、夜间不低于 10℃。畦面经常保持湿润,同时每 667 平方米追施尿素 7～8 千克和三元复合肥 20 千克以促进果实膨大;待第三花序坐果后及时摘心。

14. 早春日光温室甘蓝套作番茄栽培模式怎样栽培管理?

辽宁省东港市利用早春日光温室内进行番茄与甘蓝套作栽培,使甘蓝在 3 月下旬上市,番茄在 4 月下旬上市,不但增加了春淡蔬菜市场品种的供应,而且降低了生产成本,提高了土地利用率,增加了经济效益。

甘蓝应选择优质、早熟、适于密植、抗病、抗先期抽薹的品种,如极早 40、8398 等。番茄选择优质、丰产、早期产量高、耐低温弱光、抗病、适于长季节栽培的品种,如玛瓦、百利 6 号、戴梦得等。

甘蓝与番茄都要提早育苗。甘蓝于 11 月上旬在温室播种,12 月上旬分苗,翌年 1 月上旬定植。番茄于 11 月 30 日在温室播种,翌年 1 月初分苗,1 月 30 日定植。定植前 10 天,温室密闭消毒,深翻后整地起垄。甘蓝苗 2 叶 1 心即可定植于宽行间过道两侧,每 667 平方米保苗 3 070 株。番茄现大蕾时定植,定植时都要浇足底水,番茄每 667 平方米保苗 2 880 株。

甘蓝先定植,缓苗期间白天温度 25℃～28℃、夜间 13℃～18℃,缓苗后白天温度 22℃～26℃、夜间 10℃～14℃,白天气温超过 28℃时通风。番茄定植后缓苗期间白天温度 25℃～30℃、夜间 15℃～17℃,缓苗后到第一个果膨大时,要保持昼温 20℃～25℃、夜温 12℃～15℃,空气相对湿度 60% 左右。结果期白天温度 23℃～27℃、夜间 13℃～17℃,昼夜温差保持在 10℃左右,10 厘米土层的地温 20℃～25℃,空气相对湿度控制在 45%～55%。气温高于 35℃,花器官发育不良;地温低于 13℃,根系生长受阻。

15. 日光温室小黄瓜—菜心—抱子甘蓝栽培模式效益如何？怎样安排生产？

河北省藁城试验的模式:春小黄瓜 3 月中旬开始采收,6 月初收获完毕,每 667 平方米产量 6 000 千克;菜心 8 月上旬收获完毕,每 667 平方米产量 2 000 千克;秋抱子甘蓝 11 月中旬开始采收,翌年 2 月上旬采收完毕,每 667 平方米产量 1 500 千克。

春小黄瓜品种选用戴多星,于 1 月上旬播种,2 月中旬定植。

菜心选早熟品种四九菜心,于 6 月上旬干籽直播,8 月上旬采收。

秋抱子甘蓝品种选用京引 1 号、探险者。7 月中旬于露地采用遮荫棚育苗盘育苗,每 667 平方米用种量为 15 克。定植前施足基肥,精细整地后按行距 70 厘米做小高垄,垄高 15 厘米。在 8 月中旬植株长有 3～4 片真叶时按株距 40 厘米定植,每 667 平方米定植 2 300～2 400 株。定植后浇足定植水。在采收前分别在定植后 4～5 天、定植后 1 个月和芽球膨大期分 3 次追肥。叶球形成前,白天温度保持 16℃～20℃,夜间 10℃左右;叶球形成期,白天温度 13℃左右、夜间 8℃左右。中耕培土定植后注意中耕,以后加强根际培土工作。

16. 日光温室抱子甘蓝—茴香—黄瓜栽培模式效益如何？

河北省藁城试验的模式:每 667 平方米产抱子甘蓝 2 000 千克、茴香 1 500 千克、黄瓜 5 000 千克,年纯效益 2.5 万元。

抱子甘蓝品种选用适合于秋、冬茬生产的品种,如京引 1 号、探险者。采用育苗移栽大苗法栽培。在 7 月初于露地搭遮荫棚育苗盘育苗,每 667 平方米用种量为 15 克,需苗床面积 6 平方米,每立方米营养土需过筛无病菌大田土 600 千克、有机肥 400 千克、尿素 0.25 千克、磷酸二铵 1 千克,混匀后装盘浇透水,待水渗后在上面均匀撒一层细土,然后每穴播 1 粒种子,播后覆细土 1 厘米厚,1次成苗。苗期管理尽量控制温度和水分。定植前施足基肥,整好地后按行距 70 厘米做小高垄。当幼苗长有 3～5 片真叶时按株距40 厘米定植,每 667 平方米栽 2 300～2 400 株,定植后浇足定植水。缓苗后应及时浇水,以后土壤见干见湿。在采收前分 3 次追肥,定植后 3 天追活棵肥,定植 1 个月后追催苗肥,使其在结球前外叶要达到 40 片,在芽球膨大期追第三次肥,以后再采收 2～3 次芽球后追 1 次肥。当叶球充分发育膨大、结球紧实、横径达 2～5厘米时采收。

茴香品种选择株高 20～30 厘米、有 7～9 片叶、适应性和再生能力强、产量高的扁粒小茴香品种。播种前疏松土壤,于 12 月底撒播在抱子甘蓝行间,宜密植。播前催芽,等种子露白时开始播种。播种后盖土 1 厘米厚,保持气温在 10℃ 左右,畦面湿润。播后 6～7 天可出苗。齐苗后及时间苗。播后 2 个月当苗高 20～30厘米时开始收获,可多次收获。

黄瓜选用鲜食小黄瓜品种。按常规栽培。

五、栽培环境管理
与甘蓝商品性

1. 甘蓝的生长发育分为哪两个阶段?

甘蓝的生长发育分为营养生长和生殖生长两个阶段。从种子发芽、幼苗生长、莲座叶形成到结球完成,为营养生长时期;从花芽分化、抽薹、开花到结成种子,为生殖生长时期。甘蓝从播种到收获种子,一般要经过 2 年的时间。第一年在秋季的适宜温度下,完成营养生长;在第二年春、夏季的适宜温度下,完成生殖生长。这就是结球甘蓝生长发育过程的一般规律。

甘蓝如果不形成叶球,经过低温影响之后完成了发育而孕蕾、抽薹、开花和结实,一般叫未熟抽薹或先期抽薹。未熟抽薹在春甘蓝和争春类型的越冬甘蓝栽培过程中是较常遇到的问题。

2. 甘蓝的营养生长包括哪些阶段? 各阶段管理的目标是什么?

甘蓝的营养生长包括发芽期、幼苗期、莲座期、结球期 4 个阶段。从播种到第一片真叶显露为发芽期,此期所经历的时间长短因温度而异,一般在 6～10 天。此期主要靠种子自身的营养,因此种子饱满粒大、精细播种是保证苗齐苗全的关键。从真叶显露到长成一个叶环为幼苗期,早熟品种 5 片叶左右,晚熟品种 8 片叶左右。所经历的天数也因温度而异,温度适宜时需 25～30 天。夏、秋季经历的天数较短,早春较长(需 40～60 天),而冬季则需 80 天左右。从第二叶环开始到第三叶环的叶充分展开为莲座期,早熟品种约 15 片叶,晚熟品种约 24 片叶。该期结束时中心叶片开始向内抱合,所需天数早熟品种 20～30 天、晚熟品种 30～40 天。此期叶、根生长较快,加强肥水管理,形成强大同化器官是形成硕大叶球的基础。从开始包心到收获为结球期,需要 25～45 天。因栽培条件和品种的熟性而异,早熟品种所需天数较少,而晚熟品种所需天数较多。此期的肥水条件是能否获得高产的关键。

3. 甘蓝的生殖生长分为哪些阶段?各阶段管理的目标是什么?

甘蓝的生殖生长分为抽薹期、开花期、结荚期 3 个阶段。从种株定植到抽薹开花,直到现蕾为抽薹期,需 25～35 天。结球甘蓝为复总状花序,在中央主花茎上的叶腋间可发生一级侧枝,在一级侧枝的叶腋间可发生二级分枝。如营养充足,管理条件好,还可发生三、四级侧枝。将主茎打头,可以增加分枝数,并且可以缩短抽薹期。从始花到全株花落为开花期,需要 30～40 天。结球甘蓝是典型的异花授粉作物,在自然条件下,授粉靠昆虫媒介,自然杂交率可达 70％左右。甘蓝柱头和花粉的生活力一般以开花当天最强,但甘蓝柱头具有雌蕊早熟的特性,柱头在开花前 6 天和开花后 2～3 天都可接受花粉进行受精。花粉在开花前 2 天和开花后 1 天都有较强的生活力。授粉时的最适温度一般为 15℃～20℃,低于 10℃花粉萌发较慢,高于 30℃也影响受精活动正常进行。从花落到角果黄熟,需 30～40 天。甘蓝的果实为长角果、圆柱形,每株一般有角果 900～1 500 个。种角的多少因栽培管理不同差异较大,冬季定植于保护地、管理良好的,种株有效角多于翌春定植于露地的种株有效角。在一个种株上,大部分有效角集中在一级分枝上,其次是二级分枝和主枝上。种子成熟所需的时间因品种类型和温度条件而异,圆球型的品种比尖头型和扁圆型品种种子成熟所需的时间长些。在高温条件下,种子成熟快一些,温度较低时慢一些,在华北地区一般于 6 月下旬收获种子。

4. 什么叫春化作用？植物通过春化和去春化的条件是什么？

甘蓝属于绿体春化植株,春甘蓝和争春类型的越冬甘蓝栽培过程中较常遇到的问题就是未熟抽薹,给生产造成极大损失。因此了解植物春化作用的知识是非常有必要的。

低温诱导促使植物开花的作用称之为春化作用。植物通过春化的条件:一是低温。低温是春化作用的主要条件。对大多数要求低温的植物来说,1℃～2℃是最有效的春化温度。但只要有足够的时间,在－3℃～10℃范围内对春化都有效。在一定的期限内,春化的效应会随低温处理时间的延长而增加。二是水分、氧气和营养。春化作用除了需要一定时间的低温外,还需要适量的水分、充足的氧气和作为呼吸底物的营养物质。此外,许多植物在感受低温后还需要长日照诱导才能开花。春化过程只是对开花起诱导作用,还不能直接导致开花。

在植物春化过程结束之前,如将植物放到较高的生长温度下,低温的效果会被减弱或消除,这种现象称去春化作用。干旱缺水、缺氧、营养未达到也有解除春化的效果。但植物一旦完成春化,高温等外界条件就不能解除春化。一般来说植物感受低温的部位是茎的生长点,或其他能进行细胞分裂的组织。

5. 甘蓝抽薹开花需要哪些条件？

甘蓝完成春化具备的条件:一是一定大小的营养体;二是在一段相当长的时间内经受一定范围的低温影响。一般认为,茎粗0.6厘米以上、真叶数 7 片以上的幼苗,经过 50～90 天、0℃～12℃的低温作用,就可完成春化阶段。

一般来说,植株的营养体越大、通过春化阶段需要的低温时间越短,容易完成春化阶段的发育。但是,对于圆球品种,秋季如果播种早,形成紧实的叶球,翌年春季抽薹、开花往往推迟。完成春化的低温范围,一般认为是 0℃～12℃,最适为 2℃～4℃。温度过低,则对完成春化不利。

品种间冬性强弱差异很大,也就是完成春化所需要的低温时间长短、苗龄大小差异很大。总的看来,牛心品种及扁圆型的品种冬性较强,不易发生先期抽薹。大部分扁圆型品种次之,圆球型品种往往冬性偏弱。

6. 甘蓝各个生长发育的阶段对温度有什么要求?

甘蓝性喜温和冷凉的气候,不耐炎热,现在的栽培类型仍然保持原始祖先的这种特性,属于耐寒蔬菜,对温度的要求,一般说来以 15℃～25℃为最适宜,但在各个生长时期而有所不同。种子发芽在 2℃～3℃时开始,但极为缓慢,不能出土。而实际发芽出土的温度要求在 8℃以上,温度高发芽加快,以 25℃左右为最适宜。在 35℃的高温条件下,也能正常发芽出苗。在 20℃～25℃时适宜于外叶生长。进入结球时,以 15℃～20℃为最适宜。生长临界低温为 5℃。

7. 积温在甘蓝的生长发育中有什么作用?

作物在生长发育时期,不仅要求一定的温度水平(温度的高低),而且还需要一定的热量总和(温度的持续时间),此热量总和通常是用该时期逐日气温的累积值表示,这个累积值就叫做积温。通常积温又可区分为活动积温和有效积温两种,这两种表示积温的方法,在概念上有本质的区别,不能混为一谈。当作物环境温度高于其生长的下限温度时,作物才能开始生长发育。10℃是大多数作物生长的下限温度,我们把从每年日平均气温稳定通过 10℃

这天起,到稳定结束 10℃ 这天止,其间逐日平均气温细加起来,其和就是大于 10℃ 活动积温。它可以代表当地的热量资源状况。活动温度与生物学下限温度之差叫有效温度。不同作物、不同发育期的下限温度不同,比如将甘蓝发芽期、幼苗期、莲座期、结球期的下限温度等各发育阶段日平均气温减去下限温度之差,再累加起来即叫甘蓝的有效积温。某一作物品种的有效积温是固定的,而活动积温是变化的。同一品种在不同地区、不同年份所需活动积温差异很大,如果能标定出某品种的有效积温,那么它在不同地区不同年份就比较稳定少变了。

积温对甘蓝生长发育的作用就是衡量甘蓝完成其生长发育对热量条件的要求。如果我们能知道某一地区全年的有效积温情况,就可以根据有效积温来安排甘蓝的种植。

8. 高温对甘蓝有什么危害?

甘蓝性喜温和冷凉的气候,不耐炎热。甘蓝对高温的适应能力因不同的生长时期而不同。在幼苗和莲座叶形成时期,对高温的适应力较强。当进入结球时期,要求温和冷凉的气候。高温对甘蓝的不良影响主要是阻碍包心过程,如果高温加上干旱,就会使叶球松散,降低产量和品质,甚至使球叶散开,达不到包心的目的。这是它在系统发育过程中形成的特性。但经过长期的栽培和选育,也培育出来了耐热力强的品种,能在我国南方夏季炎热气候下,进行适宜的生长和结球。留种植株在开花时,高温会影响花器官变形,而不能完成开花授粉和结实。

9. 低温对甘蓝有什么危害?

甘蓝属于耐寒蔬菜,但甘蓝对低温的忍受力,往往因不同的生长时期、不同的器官有不同的反应。弱小的幼苗对低温的反应比较敏感,随着植株的成长,耐寒力加强,当幼苗具有 4～5 片叶(除基生叶)的壮苗和健壮成长的植株,能耐 $-3℃\sim-5℃$ 、暂时的 $-10℃\sim-12℃$ 或更低的温度,叶球能耐 $-6℃\sim-8℃$ 或更低的暂时低温。当进入开花结实时期,对低温的忍受力最差,在 $-1℃\sim-3℃$ 时已能使花和子房受冻。

10. 甘蓝对光照有什么要求?

甘蓝属于长日照作物,抽薹开花则需较长的日照,在没有通过春化之前,长日照有利于生长。但不同生态型品种对光照条件要求不同,尖头型、扁圆型品种对光照要求不严格,种株在冬季埋藏或窖藏,翌年春季定植后可正常抽薹、开花;而圆球型品种对光照要求比较严格,冬季贮藏必须有光照,否则翌年春季不能正常抽薹、开花。如果春季育苗时生长点接受了足够的低温,遇到长日照可能发生未熟抽薹现象,栽培时需要注意。

甘蓝是喜光的蔬菜,在光照不足的条件下,幼苗期表现为颈部伸长,成为高脚苗;莲座期表现为基部叶萎黄、提早脱落,新叶继续散开,结球延迟。同时甘蓝对光照强度的适应性又较广,南方秋、冬季和北方冬、春季育苗,都能满足甘蓝对光照的需要。在结球期要求日照较短和光照较弱,所以一般在春、秋季结球比夏、冬季好。因此,在北方春、夏季栽培甘蓝,与玉米、番茄等高秆作物间作,可提高产量 $20\%\sim30\%$ 。

11. 甘蓝对水分有什么要求?

甘蓝根系浅,叶片大,要求较湿润的栽培环境。较适宜的土壤相对含水量为 $70\%\sim80\%$,空气相对湿度为 $80\%\sim90\%$ 。土壤水分对生长的影响要大于空气相对湿度,土壤水分不足和空气相对湿度较低时,则容易引起基部叶片脱落、叶球小而松散,严重时甚至不能结球,使产量和品质大幅度下降。如果雨水过多,土壤排水不良,又往往使根系受到渍水的影响。

12. 甘蓝的根系特点与水分管理的关系如何？

甘蓝为二年生植物，主根基部粗大，须根较多，根系发达但入土不深，主要根群分布在 30 厘米耕作土壤中，因此不耐干旱。甘蓝根系再生能力强，易产生不定根，适于育苗移栽，可用腋芽扦插法繁殖。因此在栽培甘蓝时，要小水勤浇，保持土壤见干见湿。在春、夏多雨的季节要注意排水。

13. 什么样的土壤适合栽培甘蓝？施肥有什么特点？

甘蓝对土壤的适应能力较强，但获得高产仍宜选择保肥保水、透气性良好、中性或微酸性的壤土为好，并施足基肥。结球甘蓝既是喜肥作物，又是耐肥作物，对矿质营养的吸收量较多，每生产 1 吨鲜菜需氮、磷、钾分别为 4.1～4.8 千克、1.2～1.3 千克和 4.9～5.4 千克。它对三元素的吸收，氮、钾占重要比重，磷比较少。在不同的时期，甘蓝对三元素有不同的要求。生长前期要求氮较多，而以莲座期需要量为最多，在结球期则需要较多的磷和钾。因此，要获得高产优质的产品，苗期和莲座期适当多施氮肥，结球期则应多施磷、钾肥。

14. 主要矿质元素对甘蓝生长发育的主要生理作用是什么？

氮是构成蛋白质的主要成分，是细胞质、细胞核和酶的组成成分。此外，核酸、核苷酸、叶绿素、植物激素、维生素和生物碱等化合物中都含有氮。氮在植物生命活动中占有首要的地位，故又称为生命元素。甘蓝植株缺氮时，叶片浅绿，基部叶片发黄、干燥时呈褐色。据研究甘蓝的氮和硫的关系，认为 N/S 在 10～20 的范围内结球良好。甘蓝生育期较长，在充足的厩肥和矿质肥料混合作基肥的条件下,可以持续有效地供给各个生长时期的要求,促进生长,提高产量。据对其化学成分的分析,叶球内部叶子灰分中磷为外部叶子灰分中的 4 倍,因此磷在甘蓝叶球的形成中起重要作用。钾在植物中几乎成离子状态,主要集中在植物最活动的部分(如生长点、幼叶、形成层等)。甘蓝是以叶球为主要产品,钾可以促进甘蓝叶球内叶的生长,因此对叶球的形成有着重要的作用。

15. 甘蓝不同时期的需肥有什么特点?

　　甘蓝是喜肥作物,施肥量、施肥期、施肥方法与品种的生育期和栽培季节都有密切的关系。早熟品种在春、夏季作早熟栽培时,生育期短,应以基肥为主;中、晚熟品种在秋、冬季栽培时,生育期长,除以基肥为主外,还应增施追肥。就生育来说,无论什么品种,除施以一定数量的基肥外,在结球前的莲座末期,都应大量施用追肥,这是结球甘蓝丰产的关键肥。我国各地对甘蓝施肥的种类和方法,都有非常成功的经验。一般是把有机厩肥或堆肥和无机矿物磷肥混合堆集腐熟后,在整地做畦时全面撒肥 60%,到定植秧苗时再沟施或穴施 40%。这样可起到有机肥和无机肥混合施用、分层施与集中施肥的作用。

　　在施肥种类方面,重要的是氮肥,其次是钾肥。在结球开始之后,特别是收获之前最需要钾肥,它的用量几乎与氮相等。磷肥的施用量虽不如氮、钾多,但对结球的紧实度至关重要。磷肥除在基肥中施用外,在结球期分期进行叶面喷施,对结球有良好的效果。此外,在甘蓝植株体内钙的含量仅次于氮素,如缺钙或不吸收时,在生长点附近的叶子就会引起叶缘枯萎,在叶球内形成干烧心现象,这在氮、钾肥施用量过多时更为严重。

16. 甘蓝施肥的基本原则是什么?

　　甘蓝无公害蔬菜生产的施肥原则是:以有机肥为主,重在基肥。合理追肥,控制氮肥用量。提倡使用专用肥和生物肥,禁止使用硝态氮肥。测土配方,保持土壤肥力平衡。

施足基肥:保证每 667 平方米施腐熟的有机肥 4 000～5 000 千克、磷酸二铵 30～40 千克、硫酸钾 30～40 千克或三元复合肥 80 千克。

合理追肥:前期和中期追施缓效肥料,每 667 平方米可追施充分腐熟的人粪尿 1 000 千克及草木灰 50～100 千克或三元复合肥(或尿素)10 千克。后期每 667 平方米适当追施速效碳酸氢铵 20～30 千克或尿素 10 千克。禁止施用城市有害垃圾和污泥,收获阶段不能用粪水肥追肥。

17. 什么是基肥? 基肥的种类有哪些?

基肥一般叫底肥,是在播种或移植前施用的肥料。它主要是供给植物整个生长期中所需要的养分,为作物生长发育创造良好的土壤条件,也有改良、培肥地力的作用。

作基肥施用的肥料大多是迟效性的肥料。厩肥、堆肥、家畜粪等是最常用的基肥。化学肥料的磷肥和钾肥一般也作基肥施用。

基肥的深度通常在耕作层,可以在犁地时条施,或与耕土混合施(如有机肥料或磷矿粉),也可以分层施用。

18. 什么是追肥? 追肥的种类有哪些?

追肥是指在作物生长过程中加施的肥料。追肥的作用主要是为了供应作物某个时期对养分的大量需要,或者补充基肥的不足。农业生产上通常是基肥、种肥和追肥相结合。追肥施用的特点是比较灵活,要根据作物生长的不同时期所表现出来的元素缺乏症对症追肥。氮、钾追肥是最常见的化肥品种。

19. 甘蓝的施肥技术如何？

甘蓝栽培多采用育苗移栽。为培育壮苗和利于缓苗，在分苗及定植时均可随水追施低浓度的人粪尿。秧苗宜定植在有机质丰富、疏松肥沃的壤土或砂壤土上。早熟品种生长期短，对土壤营养的吸收量相对较低，但其生长迅速，对养分要求迫切。所以早熟品种的基肥除施用有机肥外，每公顷还需加施人粪尿 22～30 吨。中、晚熟品种生育期长，基肥应以厩肥和磷、钾肥配合施用，一般每公顷施厩肥 40～75 吨。定植缓苗后为促进营养生长，尽快建成强大的营养体，应追肥 1 次。当进入莲座期后为满足其发育所需的矿质营养，需及时施肥浇水。一般从定植到收获需追肥 2～3 次。早熟品种每次每公顷用充分腐熟的人粪尿 22～30 吨或氮素 20～30 千克，中、晚熟品种每次每公顷施用充分腐熟的人粪尿 30～40 吨或氮素 45～75 千克。

20. 甘蓝施肥中应注意哪些问题？

一是人粪尿要充分发酵腐熟，追肥后要浇清水冲洗。

二是化肥要深施、早施。深施可以避免肥料挥发，提高氮素利用率；早施则利于植株早发快长，延长肥效。施肥时铵态氮施于 6 厘米以下土层，尿素则应施于 10 厘米以下土层。

三是应配施生物氮肥，增施磷、钾肥。配施生物氮肥可有效地解决使用化学肥料带来的土壤板结现象；磷、钾肥对增强甘蓝蔬菜抗逆性、促进甘蓝后期包球有着很明显的作用。

四是根据栽培条件灵活施肥。同一种蔬菜一般在高温强光下硝酸盐积累少，在低温弱光下硝酸盐易大量积累。在施肥过程中应考虑蔬菜栽培季节和气候条件等，掌握合理的化肥用量，确保硝酸盐含量在无公害蔬菜的规定范围内。

21. 甘蓝的叶球是怎样形成的?

当结球甘蓝早熟品种的外叶长到 15～18 片,中、晚熟品种的外叶长到 25～30 片时即开始形成叶球。叶球的叶数,品种之间差异较大,早熟品种 30～50 片叶,中熟品种在 50～70 片叶,晚熟品种在 70 片叶以上,但决定叶球重的则是外部的十几片叶。结球现象是甘蓝在进化过程中为了适应不良环境条件和人工选择共同作用的结果,并形成了结球遗传性。

叶球是甘蓝的贮藏器官,其养分的积累来源于外叶制造的碳水化合物。叶球的充实程度和重量与外叶关系非常密切,同时也决定于球叶数和球叶重。在正常条件下,甘蓝长成一定叶数后才开始结球,形成产量。但是如果品种使用不当,育苗后期或定植期遇到一定时间的低温,使甘蓝早期抽薹现蕾,而不能形成叶球,这种在形成叶球之前就抽薹的现象称先期抽薹或未熟抽薹,栽培上要多加注意。

22. 植物激素对甘蓝叶球形成有什么影响?

据目前的研究认为,结球主要受植物体内激素平衡、碳水化合物和氮合物的比例以及光照和温度的影响,当光照减弱或将甘蓝植株置于暗中,叶片趋向于直立,并向内弯曲,形成结球姿态,外叶对内部球叶起着遮光、输送营养等作用。当处于结球阶段,叶背部分的生长素含量增多,细胞分裂和生长加快,迫使叶片向内弯曲,进而形成叶球。同时,矿质营养、水分等因素也会影响叶球的形成。

23. 甘蓝育苗存在哪些问题?

甘蓝适应性强,既可耐低温,又可耐一定的高温。中原和华北地区一般分春、夏、秋 3 季栽培以及越冬栽培,其中以春、秋甘蓝栽培面积最大。甘蓝育苗中存在的问题主要是由不同栽培季节所处的环境条件造成的。春甘蓝一般在 12 月底至翌年 1 月初育苗,此期如果遇到强降温或连阴天,容易造成甘蓝冷害、沤根、僵苗等。此外,如果播期过早,幼苗过大又长时间接受低温,甘蓝幼苗通过春化,定植到大田后容易引起未熟抽薹现象。夏秋甘蓝育苗期间正值高温多雨季节,病虫害严重,常因排水不畅而造成渍害及病虫害防治不及时而造成损失。

24. 什么是甘蓝沤根?怎样预防?

甘蓝发生沤根时,幼苗地上部发生萎蔫,地下部根系呈黑褐色,根部表皮腐烂,不发生新根,严重时萎蔫死亡。其原因主要是苗床低温多湿、光照不足。一般连阴天或雨雪天,因苗床通风不良,土壤和空气湿度都比较大,加之土温低,致使幼苗根系呼吸困难甚至停止呼吸而腐烂。一般苗床选在低洼地、黏土地,排水不良,易引发沤根。应采取的措施:一是多施热性肥料,注意提高苗床温度;二是选择地势高燥、土壤质地疏松的地块育苗;三是加强苗床管理,培育壮苗,及时通风增湿,提高幼苗抵抗低温的能力;四是有条件的可在育苗床内增加火道或改用温室育苗。

25. 甘蓝幼苗发生冷害的症状是什么?怎样预防?

甘蓝冷害的症状是:幼苗叶片发白失绿,继而干枯。一般外叶先受害,严重时导致幼苗死亡。受害轻时,心叶尚能恢复生长。根系一般完好。冷害发生的原因是:由于春季外界气温较低而苗床气温较高,如果苗床通风过大、过早或通风方法不当时,让冷空气直接吹入苗床内,畦温突然下降,或冷空气直接吹到幼苗上,导致幼苗遭受冷害,使叶片细胞失水。解决的措施是:注意苗床通风。不要猛然通大风。通风时间不要太早,应掌握在畦温升至 25℃ 以上时通风,不能让空气直接吹入畦内。春季西北风多,如用薄膜覆盖,要先从南面通风。开始掀开薄膜时,先用小棒把膜支起,过几天后再逐渐将薄膜拉开通风,以后逐渐加大通风量。如用玻璃覆盖的,通风量也应由小到大逐步进行。

26. 甘蓝幼苗卷叶是怎么回事? 怎样预防?

甘蓝幼苗卷叶的症状是:幼苗出土后子叶向内弯曲,但仍能正常发新叶,新叶不弯曲。卷叶发生的原因是:由于育苗温室内的火炉没有烟道,或者烟道没封严而冒烟,使室内一氧化碳浓度增高,导致幼苗受害。解决的措施是:温室内火炉一定要设烟道,且烟道外围一定要封严不能漏烟,以便把烟全部排出室外。

27. 有毒塑料薄膜对甘蓝幼苗有什么危害? 原因是什么?

甘蓝幼苗薄膜毒害的症状是:幼苗叶片表面开始受害时变为黄色,叶片生长不正常,数天以后叶片逐渐变白并干枯死亡。其原因是:覆盖幼苗所使用的薄膜中含有二异丁酯,产生有害气体,使幼苗受害而死亡。解决的措施是:应禁止使用有毒塑料薄膜覆盖幼苗,以防止幼苗受害。

28. 甘蓝僵苗的症状是什么? 怎么预防?

其症状是:幼苗萎缩不长,叶片发黄;拔出幼苗可以看到幼苗根部朽黄,有部分根毛或主根朽坏。其发病原因是:由于地温低、土壤湿度大,使幼苗部分根系朽坏,致使新根生长速度缓慢,幼苗地上部分生长受到抑制。解决的措施是:僵苗出现后要注意提高苗床温度,并适当补给水分,以促进幼苗发生新根,使地上部恢复生长。

29. 甘蓝未熟抽薹的原因是什么？都与哪些因素有关？

(1)甘蓝未熟抽薹的原因 甘蓝属植株春化作物，并且是以一定大小的幼苗感受一定时间的低温而通过春化阶段，引起花芽分化，进而抽薹开花的。当幼苗长到 7 片真叶左右、叶宽 5 厘米以上、茎粗 0.6 厘米左右时，遇到 0℃～15℃ 的低温即能进行春化，特别是在 0℃～4℃ 的低温条件下更容易通过春化。完成春化的时间因品种类型而异，一般以圆球型较短（30～40 天），尖头型和平头型较长（60～80 天）。生产上出现未熟抽薹的原因是春甘蓝由于越冬栽培，植株在生长前期就经受较长时期的低温而通过了春化阶段。如 2000 年 1 月份平均温度 -4℃，2 月份平均温度 4.4℃，在长达 60 天的低温中，极端最高温度仅在 2 月 12 日达到 16.2℃，而该日平均温度也只有 8.6℃，从而引起了一些圆球型甘蓝如 8398、中甘 11、8132 的大面积未熟抽薹，造成不可估量的损失。

(2)甘蓝未熟抽薹与其有关的因素

①与幼苗大小有关 凡真叶 7 片、最大叶宽 5 厘米、茎粗 0.6 厘米以上的大苗，经过一段时间的低温，完成春化阶段的发育，就会发生未熟抽薹现象。苗龄越大、长势越旺，就越容易抽薹。

②与早春气候有关 如果早春甘蓝育苗期间及定植后的气温反常，也容易引起未熟抽薹。如 1997 年、2003 年的 1～2 月份，月平均气温比正常年份偏高，在这段时间里，正是早春甘蓝（中甘11）幼苗处于苗床内的生长期，气温高幼苗生长快，使其具备了通过春化阶段的条件。进入了 3～4 月份，气温比历年偏低，且"倒春寒"持续时间长，覆盖面积大。因此，就造成一些地区早春甘蓝发生未熟抽薹。

③与播种早晚有关 播种愈早，到定植时幼苗往往过大，幼苗

处在低温条件下的时间愈长,通过春化阶段的机会愈多,发生未熟抽薹的概率愈大。反之,适当晚播,幼苗还达不到能接受低温时的大小,即使遇到低温,也不会发生未熟抽薹。

④与苗床温度有关　即使播种不早,如果苗床温度较高,幼苗生长速度较快,很容易长到能接受低温的大小时,定植后遇到低温,也会发生未熟抽薹。反之,如果苗床温度较低,即使播种较早,由于幼苗生长缓慢,到定植期幼苗还未长到能接受低温的大小时,这样的幼苗定植后即使遇到低温,也不会发生未熟抽薹。

⑤与定植早晚及其后的管理有关　早熟春甘蓝如果定植太早,特别是定植后受到"倒春寒"的影响,更容易促使发生未熟抽薹。因为早春露地温度比苗床低,定植早、温度低、缓苗慢,幼苗经过低温的时间长,因而未熟抽薹率也高。但是在遇到低温不敢定植时,幼苗在苗床上继续迅速生长,在满足低温的要求后也会发生未熟抽薹现象。定植后如不注意蹲苗,肥水过勤,使植株生长过旺,不仅延迟包球,也易引起抽薹,尤其是定植在塑料小拱棚里的,白天温度高、幼苗生长快,晚上温度低,更容易促成未熟抽薹。

30. 怎样预防春甘蓝未熟抽薹？甘蓝壮苗的标准是什么？

了解了甘蓝未熟抽薹的原因,预防甘蓝未熟抽薹可以从以下3个方面着手:一是选择冬性较强、生长期较短,且通过春化阶段较慢的早熟品种如报春、8398、中甘11、中甘12号等作春甘蓝栽培。二是严格控制播种期,适时晚播,越冬时幼苗较小,达不到感受低温的大小,即使遇到低温也不会发生未熟抽薹。河南地区应在12月底和翌年1月上旬冷床播种,1月中旬可在大棚育苗。12月中旬以前播种及12月下旬拱棚育苗的,由于气温较高,生长较快,到翌年1月下旬基本上已达8～9片真叶,具备了通过春化的条件,当遇到2月份的连续低温即发生未熟抽薹。而在12月下旬及翌年 1 月上旬播种的,当低温来临时,其幼苗尚小,不具备感受低温的条件,故可避免低温的影响。三是通过栽培措施控制幼苗生长。越冬前应控制幼苗的肥水用量,使幼苗健壮而不过大。如遇冬季气温较高,幼苗旺长,则可将幼苗在播后 20 天左右假植 1 次,以抑制其生长。适时定植。如果定植太早,早春露地温度比苗床低,缓苗慢,幼苗感受低温时间长,未熟抽薹率较高。定植在大小拱棚里的甘蓝,白天温度高,幼苗生长快,晚上温度低更易促其未熟抽薹,因此要注意蹲苗,控制肥水。

在甘蓝生产中培育适龄壮苗是甘蓝丰产栽培的关键。壮苗的形态特征标准是:5～8 片真叶,株高 8～12 厘米,苗龄 30～35 天。叶丛紧凑,叶色深绿,叶片肥大。茎粗壮。秧苗大小整齐,无病虫害。根系健壮发达。

31. 甘蓝育苗和选择幼苗存在哪些误区?

(1)不重视甘蓝品种的选择　目前甘蓝生产已基本实现周年生产,各个栽培季节有各自的适用品种。菜农在种植甘蓝时不注重品种的选择,春甘蓝、夏甘蓝、秋甘蓝、越冬甘蓝品种不分,不了解各品种的特性,经常因选错品种而造成未熟抽薹、不结球、品质差、产量低等问题,造成不必要的损失。

(2)误以为播种越早、收获期越早效益越高　在春早熟甘蓝栽培过程中,许多菜农为了提早上市、获得高效益,播种期一味提前,致使定植时幼苗过大,通过春化阶段发生未熟抽薹,造成巨大损失。因此,春甘蓝育苗一定要严格播期,根据当地的气温变化,促控结合,培育壮苗。

(3)随意将播期提前或错后　如把春甘蓝播期提前到 11 月上旬,有的年份造成未熟抽薹开花,减产严重;把越冬甘蓝播期错后到 8 月中下旬,也会造成未熟抽薹开花。

(4)定植幼苗时大小苗一起栽培　造成管理不方便,或生长中大苗抑制小苗生长,造成减产,收获期不整齐。

(5)育苗时延长苗龄,定植大龄苗　造成未熟抽薹开花或减产。

32. 甘蓝浸种催芽要注意哪些技术环节?

甘蓝种子中蛋白质和脂肪的含量较高,很易吸水膨胀,萌发中需要较多的氧气。因此,播种前不宜浸种时间过长,一般以1小时为宜。如果浸种时间超过2～3小时,种子内的营养物质外渗,会降低种子的发芽势;还会因吸水膨胀过度,影响对氧气的吸收,造成种子窒息。浸泡过的种子播在刚浇过水的苗床上,如果缺氧加上低温,很易发生烂种,影响出苗率。

浸泡后捞出种子滤去水分,装入通气、通水性好的纱布袋内,并用毛巾包好,置于18℃～25℃的恒温箱或热炕上进行催芽。催芽期间用30℃左右的温水浸浴1～2次,每次10～15分钟。同时抖动布袋,使种子受温一致。一般催芽48小时即可露白发芽。

在苗床墒情良好的条件下,无需浸种催芽,可干籽直播。如果苗床干燥,可浇小水。待水渗下后再撒一层干细土后播种。有的品种如中甘11,特别忌浸种或播种在刚浇过透水的苗床上,那样会严重降低发芽率。

33. 甘蓝播种有哪些方法?

播种分干籽播种和浸种播种两种方法。冷床和大棚育苗多采用干籽播种,温床和温室多采用浸种催芽播种。播种时用水浇透床土,待水渗完后撒播干籽或催芽种子。一般每平方米苗床撒播3～4克种子。播时不可过密,防止秧苗细弱。撒完种子后覆盖0.5～0.8厘米厚的细土。覆土过厚会使出苗慢,消耗营养多、幼苗不壮;覆土过薄造成种子带壳出土,影响幼苗进行光合作用和生长发育。撒播和点播的间距为5～7厘米×5～7厘米。

六、栽培技术与甘蓝商品性

1. 高效栽培技术与甘蓝商品性的关系如何？

甘蓝的栽培生产环节是甘蓝商品性生产的中心环节，所有其他环节都要依托此中心环节。了解、掌握甘蓝的高效栽培技术是保证甘蓝商品性的基础和关键，造成甘蓝商品性降低的许多方面都是由于栽培技术不当造成的。比如春甘蓝盲目提早播种期，秋甘蓝生产用早熟春甘蓝品种栽培，结果造成苗床死苗或中后期烂球的现象；亦出现因苗床防雨遮阳措施不力，遇暴雨、高温冲毁或烫伤幼苗的现象。还出现因中晚熟品种的播期延后，栽培秋甘蓝的有效积温不足而导致秋甘蓝不能正常成熟，甚至不能形成产量的现象；夏甘蓝病虫害防治不及时造成减产和品质下降，等等。

2. 春甘蓝播种期的确定依据是什么？不同的播种期对甘蓝产量和商品性有什么影响？

春甘蓝不宜过早播种，因为秧苗长得过大，容易春化造成先期抽薹。甘蓝的播种期与气候、地域、保护地设施以及所选品种有密切关系，各地可根据气候特点和保护设施性能以及期望的上市时间进行选择。例如，我国东北、西北以及内蒙古等高寒地区，选用早熟品种，在早春 3～4 月份内于温室育苗，苗龄 60～80 天；华北地区可选用早、中熟品种，于前一年 9～10 月份在阳畦育苗，经过严寒且漫长的冬天，苗龄长达 150 天左右；也可以在 2 月份内选用早熟品种于塑料薄膜温室或改良阳畦内育苗，苗龄 40～50 天。在上海地区，尖头类型的一般都采取露地育苗，平头类型的都采取保护地育苗。尖头类型一般都在 10 月上旬播种；平头类型在 11 月中下旬播种,也有在翌年1月份播种的。南方各地选用中、晚熟品种,于前一年10~11月份在露地育苗。

特别应当提醒的是春甘蓝要选择冬性强、耐抽薹的品种,适时播种是春甘蓝栽培的重要技术措施。

3. 怎样建造小拱棚并用于甘蓝早熟高产栽培?

塑料小拱棚结构简单,一般用细竹竿、毛竹片或直径6~8毫米的钢筋作为骨架,按棚的宽度将骨架两头插入地下,形成圆拱,拱杆间相距30~60厘米,上覆0.6毫米左右厚的塑料薄膜,周边压上土即成。小拱棚一般宽1.3~1.4米,高0.5~0.6米,长度10~20米。

塑料小拱棚结构简单,投资少,用钢筋做成的骨架经久耐用,是育苗的理想设施,可以用于早春甘蓝、秋甘蓝以及其他蔬菜的育苗。利用小拱棚加盖草苫进行结球甘蓝春早熟栽培,可以比露地栽培提早半个月上市、投资小、效益高。

4. 怎样建造改良阳畦并用于甘蓝的育苗和早熟丰产栽培?

阳畦是利用太阳光照射的热能来加温的育苗畦。这种苗床历史悠久,取材方便,成本较低,操作技术易于掌握,目前仍是我国早春育苗的主要方式之一。

各地在生产上最常用的是单斜面冷床,坐北朝南,东西向设置。畦宽1.5米左右,畦长根据地形或覆盖物而定、一般为12~25米。冷床北侧设风障,华北地区称之为风障阳畦。

冷床最好在地势高燥、背风向阳、距水源近的地块建造。一般在10月下旬至11月上中旬露地封冻前构筑。其建造方法:先画好冷床基线,浇水湿润土壤。做畦前,起出畦内表土放一边。首先做畦面,一般后墙(北墙)高 40 厘米左右,前墙(南墙)高 18～25 厘米。东西墙依南北墙的高度成一斜坡,北墙底宽 40～50 厘米,上宽 30 厘米左右,东西墙及南墙上宽 30 厘米左右。要用湿土筑墙,每层要踩实,以防塌墙压苗。筑够高度后按基线切齐,把墙内壁拍打光滑。整个床面北高南低成一斜面。南墙越低,越有利于接受阳光,提高床温。打好畦墙后整平畦底,再填入用起出的表土和肥料混合成的营养土,也可另配营养土填入,以利于发苗。

风障可用竹竿作骨架,之后覆上高粱秆或玉米秆或者稻草等作披风。先在北墙外挖一道深 30 厘米的沟,埋好竹竿,筑起宽 20 厘米、高 30 厘米的土墩,以提高风障的抗风力。其上放披风,再埋 1 层土踩实,使土层稍高于北墙,以利于保温。此外,冷床上覆盖 1 层塑料薄膜,其上再覆盖苇毛毡或草帘或薄席。

冷床的保温性能主要取决于两个因素:一是冷床本身结构是否利于接受阳光及接受光照时间的长短;二是风障及覆盖物的保温能力。如果冷床上薄膜覆盖严密,覆盖物保温性能也好,在北京地区 1 月至 2 月初这段时间,早晨畦内最低温度为 3℃～5℃,2 月下旬畦内最低温度可稳定在 8℃以上。晴天最高气温可达 20℃～30℃,要注意通风降温。阴天最高气温则明显降低。冷床的这一特点有利于甘蓝幼苗生长。切忌播种过早和畦温过高,否则易发生苗子未熟抽薹。

阳畦在播种前 1 周左右,白天覆盖塑料膜,夜间加盖草苫,进行烤畦,以提高畦内地温。每个 10 平方米左右的阳畦(长 5～6 米、宽 1.66 米)苗床,撒施腐熟的优质马粪等农家肥 100～150 千克、三元复合肥 1～1.5 千克。对苗床喷 50％多菌灵进行消毒,或用甲基硫菌灵 8～10 克加细土 10～15 千克拌匀,以 1/3 撒床面作垫土,2/3 播后作覆土用。肥、土要混匀,耙平畦面,浇足底水。底水在苗床的积水深达 8～10 厘米,分苗者积水深达 6～8 厘米即可。水渗下后撒一薄层细土,而后撒播干种子或浸水后的湿种子,播种量为每平方米约 3 克。为了防止黑胫病发生,还可用相当于种子重量 0.4％的福美灵或代森锰锌拌种。种子播完后接着盖 1～1.5 厘米厚的细土,在畦面上盖地膜保墒增温,以利于出苗。最后,用塑料膜盖好苗床,四周用土封严保温。

5. 春甘蓝生产中经常采用的大棚有哪些类型? 各有什么特点?

大棚有竹木结构大棚、悬梁吊柱式竹木结构大棚、钢竹混合结构大棚、钢架结构大棚和装配式镀锌薄壁钢管大棚等,均可作为甘蓝育苗和栽培的设施,可根据自己的经济状况选用。

竹木结构简易大棚,毛竹加上塑料薄膜和保温用草帘等覆盖。一般大棚宽 5～8 米,顶高 2～3.2 米,侧高 1～1.2 米,长 50～100米。拱杆直径 3～6 厘米,拱杆间距 1～1.1 米,每杆由 6 根立柱支撑,立柱为木杆或水泥预制柱。这种大棚的特点是造价低,主要分布于小城镇及农村,用于春、秋、冬季栽培,主要种植茄果类蔬菜。实践证明,简易竹木结构塑料大棚取材方便、造价低、建造容易,但棚内立柱较多,使大棚内遮荫面积大,作业不方便,使用寿命短,抗风、雪载性能差。

悬梁吊柱式竹木结构大棚建造成本低,纵向立柱减少,而用固定在拉杆上的小悬柱代替。小悬柱的高度约 30 厘米,在拉杆上的间距为 0.8～1 米,与拱杆间距一致,一般可使立柱减少 2/3,大大减少立柱形成的阴影,有利于光照,同时也便于作业,有较强的抗风雪能力。

钢竹混合结构大棚以毛竹为主,钢材为辅。其建造特点是将毛竹经特殊的蒸煮烘烤、脱水、防腐、防蛀等一系列工艺精制处理后使之坚韧度等性能达到与钢质相当的程度,作为大棚框架主体架构材料;对大棚内部的接合点、弯曲处则采用全钢片和钢钉联接铆合,由此将钢材的牢固、坚韧与竹质的柔韧、价廉等优点互补结合。经过实地应用证明,此种大棚设计可靠,抗风载、抗雪载、采光率及保温等性能均可与全钢架、塑钢架大棚相媲美,具有承重力强、牢固和使用寿命长(8~10年)的优点。由于竹片(板)代替大部分钢管成为大棚主体构筑材料,提高了肩高,扩展了大棚空间,两侧土地能够被充分利用,且便于小型除草机、喷灌机在棚内操作;同时,还可明显降低大棚的成本,符合发展高效节本农业的要求。

钢架结构大棚的骨架使用钢筋或钢管焊接而成,其特点是坚固耐用,中间无柱或只有少量支柱,空间大,便于作物生长发育和人工作业,但一次性投资较大。其需注意维修、保养,每隔2~3年应涂防锈漆,防止锈蚀。

装配式镀锌薄壁钢管大棚的规格为:跨度一般为6~8米,矢高2.5~3米,长30~50米,通风口高度1.2~1.5米。用管壁厚1.2~1.5毫米的薄壁钢管制成拱杆、立杆、拉杆,钢管间距0.6~1米,内外热浸镀锌以延长使用寿命。用卡具、套管连接棚杆组装成棚体,覆盖薄膜用卡膜槽固定。这样大棚在抗风、雪的前提下,增加棚内的通风透光量,并且考虑了土地利用率的提高与各种作物栽培的适宜环境。镀锌钢管装配式塑料大棚最先于1982年由中国农业工程研究设计院设计定型,属于国家定型产品,具有规格统一、安装简便易行、固膜方便等优点。

6. 地膜覆盖在甘蓝栽培中怎样利用?有哪些作用?

地膜覆盖主要是在春甘蓝栽培中使用。一般先行起垄,地膜覆盖垄上,两侧栽培甘蓝。

采用地膜覆盖栽培后可以改善土壤和近地面的温度及水分状况,起到提高土壤温度、保持土壤水分、改善土壤性状、提高土壤养分供应状况和肥料利用率,改善光照条件,减轻杂草和病虫害等作用。

(1)**保温增温**　促进土壤养分的分解和释放。

(2)**保湿提高成活率**　菜田的土壤水分,除灌溉外,主要来源于降水。盖膜后一方面因地膜的阻隔使土壤水分蒸发减少,散失缓慢;并在膜内形成水珠后再落入土表,减少了土壤水分的损失,起到保蓄土壤水分的作用。另一方面,地膜还可在雨量过大时防止雨水大量进入垄体,可起防涝的作用。

(3)**促进生长发育**　应用地膜覆盖,土壤的温度和湿度增高,有利于早生快发,促进了植株的生长发育。覆膜比不覆膜的大田生育期缩短到 1 周左右。

(4)**减少杂草和蚜虫的危害**　地膜覆盖可以抑制杂草生长,一般覆膜的比不覆膜的杂草减少 1/3 以上。地膜具有反光作用,还可以部分地驱避蚜虫、抑制蚜虫的滋生繁殖,减轻为害及病害传播。

(5)**地膜覆盖的负效应**　地膜覆盖既有正效应又有负效应。例如地膜覆盖虽具有保水的作用,但是却阻碍了外界降水进入垄体,部分地区若不采取相应的垄型或其他措施可能会导致植株在旺长期发生水分亏缺,影响正常生长;若遇到连续降水时则易造成严重的水渍,使土壤通透性变坏,水分蒸发受阻,同样影响植株的生长。因此,结合当地的生产实际趋利避害,制定切实可行的地膜覆盖生产技术,充分利用好地膜的作用。采取相应的配套技术措施是地膜覆盖种植成功的基础。

7. 地膜覆盖栽培甘蓝时为什么施基肥量要增加?

地膜覆盖后施肥困难,而且地温回升较快,作物生长旺盛,需肥量增加,因此地膜覆盖之前应重施基肥,一般按该作物一季所用总肥量的 60%～70%作为基肥一次性施入。基肥以有机肥为主,多结合翻地撒施。也可在栽苗前 3～5 天沟施,然后覆土。

8. 地膜覆盖栽培甘蓝时如何进行定植?

进行地膜覆盖早熟栽培,可适当增加密度,适时早栽。定植比不盖膜的提早 10 天左右(要注意防冻害)定植,如地膜覆盖再加盖棚(小拱棚、大棚等)定植期可提早 15 天左右。定植时,按要求的行株距将地膜划破小口,苗子栽入穴中。定植应选在冷尾暖头的晴天,带土移栽。定植后及时浇定根水,然后用细土把定植孔封严,以保温保湿,促进植株幼苗生长。

9. 地膜覆盖栽培甘蓝定植后管理与不盖膜的有什么不同?

秧苗定植后在进行农事操作管理时,要尽量不损坏地膜。发现地膜破裂或四周不严时,应及时用土压紧,保证地膜覆盖的效果。地膜覆盖栽培具有保水保肥等作用,加之前期幼苗消耗水、肥量也小,在肥水管理上应掌握"前期控、中后期追"的原则,在春旱不严重时适当控制肥水施用,防止植株徒长。当进入莲座期后要及时追肥,保证植株中后期生长发育的需要。

10. 遮阳网在甘蓝栽培中怎样利用?

遮阳网膜是一种用于遮阳、降温的塑料网状覆盖材料,其主要作用包括以下几个方面:①遮光降温,遮光率在 25％～65％,降低地面温度非常显著。②保水保湿,夏、秋季可以减少抗旱浇水次数30％左右。③夏季防暴(雨)保墒,防病避鸟、虫为害;秋、冬及春末防霜冻、保温。④省工省力。⑤苗齐苗壮,提高成苗率 20％左右,省种 10％左右。⑥提前、延后上市 20 天左右,并使蔬菜品质提高。

在甘蓝蔬菜栽培中应根据栽培季节、甘蓝品种及栽培目的,结合各地市场需求状况、地理环境条件、生产水平等综合因素,来决定采用遮阳网膜覆盖栽培的类型。

夏秋甘蓝育苗遮阳：夏、秋两季甘蓝遮阳网覆盖育苗，目的在于提高成苗率。使用方式多为膜、网结合，即在塑料大棚上覆盖遮阳网防晒防雨。此外要随天气变化而调整，常常是晴天盖、阴天揭。盖网时应注意气温在 30℃～35℃ 时，每天上午 9 时至下午 4 时盖网；气温超过 35℃ 时全天盖网。

早春甘蓝（夏季采收）大棚栽培后期覆盖栽培：大棚春季栽培的甘蓝等在采收中后期高温、强光照时期覆盖遮阳网，加强肥水管理，可延长供应期，提高单产，增加收入。

秋冬甘蓝提早栽培：甘蓝夏初育苗，夏末采用遮阳网覆盖栽培，可增加秋季蔬菜品种，延长供应期 30～40 天，产量提高，经济效益显著。

11. 防虫网在甘蓝生产中有哪些作用？怎样利用防虫网技术？

(1)防虫网的作用　防虫网覆盖栽培是甘蓝蔬菜无公害生产的重要措施之一。在甘蓝蔬菜生产中主要有 3 种作用：一是防虫害。甘蓝蔬菜害虫主要有小菜蛾、菜青虫、甘蓝夜蛾、斜纹夜蛾、甘蓝蚜等，发生频率较高，为害严重，往往是经多次连续用药仍难以控制，利用防虫网覆盖栽培不需用药就可免除害虫为害，防止了农药对蔬菜的污染。二是遮强光。甘蓝在结球期要求光照较弱，强光会抑制甘蓝蔬菜作物营养生长，而防虫网可起到一定的遮光和防强光直射作用，20～22 目银灰色防虫网一般遮光率在 20%～25%。据试验，防虫网下生产的耐热甘蓝可比露地栽培提早 5 天左右上市，具有增产增收作用。三是调节湿度。甘蓝喜土壤水分多、空气湿润的环境，防虫网室有一定的调节小气候的作用，遇雨可减少网室内的降水量，晴天能降低网室内的蒸发量。

（2）防虫网技术的应用

①网目选择　防虫网网目的选用应根据当地害虫发生的种类和气候因素来确定。一般宜选用银灰色18～22目的防虫网，在防止蝶蛾类害虫侵入的同时，银灰色对蚜虫又有较好的驱避作用。

②覆盖时间　利用防虫网进行甘蓝无公害生产，一般在前茬收获后揭膜、耕翻晒垡、清洁棚室后即盖网进行网室生产，以确保甘蓝蔬菜全生育期都在网室生产。

③加强网室管理　网室生产期间，网室要密封，网脚压泥要紧实，棚顶压线要绷紧，以防春、夏季强风掀开。平时田间管理时工作人员进出网室要随手关门，以防蝶蛾飞入棚内产卵。同时还要经常检查防虫网有无撕裂口（特别是使用年限较长的），一旦发现应及时修补，确保网室内无害虫侵入。

12. 春甘蓝栽培中经常出现哪些影响商品性的问题？

春甘蓝栽培要选择冬性强、耐抽薹的品种。适时播种是春甘蓝栽培的重要措施。影响春甘蓝商品性的突出问题就是未熟抽薹现象。春甘蓝不宜过早播种，因为秧苗长得过大，容易通过春化，造成先期抽薹；但也不要播种太晚，这样幼苗太小，结球小，产量低。甘蓝出齐苗后通风降温，白天保持20℃～25℃，夜间10℃～15℃。要防止温度过低。温度过低容易未熟抽薹，不能结球。定植时一般要求幼苗7～8片真叶。如果定植过早，幼苗的缓苗期过长，遇到寒流时仍然会出现定植后的早期抽薹现象。定植后要蹲苗，不要大肥大水，否则植株生长太快，也容易引起早期抽薹现象。

13. 春甘蓝栽培应选用哪些品种？

春甘蓝栽培适宜选择冬性较强，抗未熟抽薹的中、早熟优良品种。生育期要短，即定植到收获以50天左右为宜。可供选用的品种较多,可分为尖头和平头两个类型。尖头类型的品种有鸡心种、牛心种、争春、延春、中甘 11、中甘 12 号、中甘 15 号、中甘 18 号、春甘 1 号、京丰 1 号,平头类型的品种有秦甘 80 等。

14. 春甘蓝育苗怎样准备苗床?

育苗设施可选用改良阳畦、塑料小棚、塑料中棚、塑料大棚等。在生产上每 667 平方米苗床要施用充分腐熟的有机肥 3 000~5 000 千克,再配以氮、磷、钾肥或少量微量元素肥(如硼肥),深翻、耙匀、做畦。也可用近 3 年来未种过十字花科蔬菜的肥沃园土 2 份与充分腐熟的有机肥 1 份配合,并按每平方米加三元复合肥 0.5 千克或相应养分的单质肥料混合均匀。将床土铺入苗床,厚度约 10 厘米。

为了防止苗期病虫害的发生,还可以对苗床进行消毒处理。用 50% 多菌灵可湿性粉剂与 50% 福美双可湿性粉剂按 1∶1 比例混合,按每平方米用药 8~10 克与 4~5 千克过筛细土混合。播种时 2/3 铺于床面,1/3 覆盖在种子上。

15. 春甘蓝怎样培育壮苗?

播种期应根据育苗设施、苗龄、保护地性能及当地气候条件来确定。春早熟甘蓝在温室、温床育苗的适宜苗龄为 40~50 天,在冷床育苗的苗龄为 70~80 天。定植时,要求栽培田地下 10 厘米处地温稳定在 5℃以上,最低气温稳定在 12℃以上。根据上述要求,结合当地气候条件及保护设施的性能,首先确定定植期,再上推苗龄时间,即为适宜的播种期。

(1)温度管理 播种至出苗前,保持畦温 20℃~25℃,夜间保持 15℃,以促进迅速出苗。苗出齐后通风降温,白天保持 20℃~25℃,夜间 10℃~15℃。既要防止温度过高,也要防止温度过低。温度过高容易造成秧苗徒长,温度过低容易未熟抽薹。

（2）**间苗**　在幼苗有 1 片真叶时，选晴暖天气的中午间苗。间除过密苗、病残苗和弱苗，保持苗距 2～3 厘米。间苗后立即撒 1 层细干土，弥补土壤的洞隙和裂缝，以利于保墒。苗期蒸发量少，幼苗吸水较少，一般不浇水、不追肥。

（3）**分苗**　在甘蓝 2～3 叶期进行分苗。分苗可扩大营养面积，防止徒长。分苗床一般设在温室、大棚中或在阳畦内，分苗的株行距为 10 厘米×10 厘米。也可把苗分在营养钵内。分苗栽植深度以与原生长深度相同为宜。分苗后立即浇水。分苗后 4～5 天内畦内温度白天 15℃～20℃，夜间不低于 5℃，促进幼苗迅速缓苗。缓苗后降低温度，白天保持 15℃，防止温度过高发生徒长。夜间温度在 8℃以上。定植前 1 周要通风降温锻炼秧苗，以提高幼苗的适应能力，使定植后尽快缓苗。

16. 春甘蓝在小拱棚、阳畦、中小拱棚定植后怎样管理？

利用小拱棚、小拱棚加草苫、阳畦、中小拱棚加地膜覆盖、加草苫等覆盖形式进行结球甘蓝春早熟栽培十分普遍，可以比露地栽培提早 15 天上市，投资小，效益高。

定植前 5～7 天要进行幼苗锻炼，适当加大通风。河南省郑州地区可在 2 月中下旬定植在塑料中棚内。塑料中棚一般为 4 米宽塑料薄膜，罩畦面 2.6 米宽。要选择前茬为土豆、番茄、黄瓜的地块，尽量不与十字花科作物重茬。施足基肥，每 667 平方米用农家肥 2 000 千克和三元复合肥 25 千克，深翻土地，定植前 10～15 天扣上薄膜，提高畦内温度。定植前一天下午要将苗畦浇透水，以利起土坨。起苗时土坨以 3 厘米×3 厘米×2.5 厘米为宜，土坨太小伤根。起苗时要将土坨整齐排列于原畦内，用潮湿稀土填缝，囤苗 3～4 天新根生出后即可定植。定植株行距 33 厘米×50 厘米，每 667 平方米栽 4 000～4 500 株。

缓苗期前后的管理：定植后要及时浇水，为防止湿度大，也可以点水浇。定植后到缓苗前一般不通风，以保温为主，4～5 天后可适当通风降温，使畦内温度白天在 20℃～25℃，夜间保持在 13℃～15℃。经几天通风后选晴暖天气浅锄 1 次。定植后 15 天左右，即可进行第一次追肥，每 667 平方米施尿素 10 千克。随后浇水，浇水后可适当加大通风量。3 月 20 日后晴暖天气可掀开薄膜，使植株接受自然光照。一般情况下，3 月下旬可撤下塑料薄膜，转入露地生长。

莲座、结球期的管理：第一次浇水后即进入莲座期，为使植株生长健壮而不过旺，可适当控制浇水，及时中耕，实行蹲苗（一般蹲苗期 10～15 天）。当植株苗壮生长、叶片明显挂厚蜡粉、心叶开始抱合时，则应及时结束蹲苗，浇水追肥，促进结球。

当莲座叶基本封垄、球叶开始抱合时，进入结球期。此时不要进行中耕，须进行 1 次大追肥，促进球叶生长。一般每 667 平方米施 20～25 千克尿素，追肥后随即浇水。叶球生长期要保持地面湿润，不再追肥。

17. 春甘蓝在露地栽培中怎样进行田间管理？

春季露地地膜覆盖栽培是甘蓝栽培的一种主要方式。

春甘蓝利用冬闲地栽植时，翌年早春土壤化冻后翻耕深 20 厘米左右。每 667 平方米施腐熟农家肥 5 000 千克作基肥，在栽植沟或穴内再施三元复合肥 25 千克。做成 1～1.5 米宽的平畦或 0.5～0.6 米的地膜高垄。当日平均气温达 6℃、10 厘米地温达 5℃以上时，即可定植。河南地区一般在 3 月中旬定植。

尖头类型的春甘蓝为了达到早熟高产，要做到稳长。一般追肥 2～3 次。第一次在定植活棵后 7 天，每 667 平方米施尿素 10 千克左右，以后植株如有缺肥现象，再酌量施肥 1 次。当植株开始包心时要施 1 次重肥，一般每 667 平方米施尿素 15 千克左右。平头类型的春甘蓝定植活棵后要追肥 2~3 次,追肥浓度、数量可比尖头类型酌量增加。

18. 夏甘蓝栽培有什么特点?

甘蓝是一种耐寒不耐高温的蔬菜,在炎热的夏季种植难度较大。夏季气温高、雨水多,因此甘蓝生产应选择排水方便的地块栽培。整地前,每 667 平方米施腐熟的圈肥 5 000 千克,然后进行翻地做畦。要做到旱能浇、涝能排,畦面一定要平;畦宽 1.5 米,以便浇水、排水。

定植时正值伏夏,气温高,蒸发量大,因此定植必须在下午 4 时以后。按株距 35 厘米、行距 45 厘米定植。夏甘蓝较小,可适当密植。定植完以后浇足定根水,第二天上午必须再浇 1 次活棵水。

19. 夏甘蓝栽培存在哪些影响商品性的问题?

甘蓝结球时期,要求温和冷凉的气候,高温会阻碍包心过程。如果高温加上干旱,就会使叶球松散,降低产量和品质,甚至使球叶散开,达不到包心的目的,这是甘蓝在系统发育过程中形成的特性。但经过长期的栽培和选育,也培育出来了耐热力强的品种,因此夏甘蓝栽培一定要选择适合的甘蓝品种。

夏甘蓝栽培时期,正是病虫害发生活跃的时期,甘蓝蔬菜的病虫害又较为严重,如果防治不及时,病虫害发生严重,极易影响甘蓝蔬菜的安全性,从而降低甘蓝蔬菜的商品性。

20. 夏甘蓝栽培怎样选种和播种?

甘蓝是一种耐寒不耐高温的蔬菜,在炎热的夏季种植难度较大,但效益却很高。高温季节栽培甘蓝要求选用耐热性强的品种。目前,适宜夏季栽培的甘蓝品种并不多,主要栽培品种有沪甘 2 号、夏光、中甘 8 号、夏甘 58、夏王等。

夏甘蓝一般是育苗移栽。在 6 月上旬育苗，7 月上旬定植，8月下旬至 9 月中下旬收获。为了培育壮苗，必须采用凉棚育苗。苗床四周用木料或竹竿打桩作主柱架高 1.2 米左右，棚架上用芦苇或小竹竿编成帘子或用黑色遮阳网。播种时适当稀播，每 667平方米用种 50 克左右。出苗后及时间苗，拔除密苗、弱苗、劣苗、杂苗。幼苗 3～4 片真叶时分苗 1 次，适时炼苗。北方夏甘蓝一般在 3～5 月份冷床播种育苗。

21．夏甘蓝怎样进行栽培管理?

夏甘蓝宜选择地势高燥处种植，或采取高垄栽培，不宜与十字花科作物连作。夏季多暴雨，应多施农家肥以弥补肥料被雨水冲刷的损失。一般每 667 平方米施腐熟农家肥 3 000～4 000 千克。由于夏甘蓝生长势较弱，所以可适当密植，一般株行距为 35～45厘米×35～45 厘米，每 667 平方米栽 3 000～3 500 株为宜。

幼苗长到 5～8 片叶时及时定植。为了尽快缓苗，起苗时土坨应大些，以免伤根。定植最好在阴天或傍晚前后进行，定植后马上浇水以利于缓苗。缓苗后每 667 平方米可追施硫酸铵 10 千克。由于夏季多雨，养分流失多，追肥应当采用少量多施的方法。浇水宜在早晨或傍晚进行，避免高温高湿对甘蓝产生不良影响。夏季降热水后要及时用井水浇灌，降水过大时可排后再灌，有利于降低地温，可预防甘蓝腐烂病的发生。

夏甘蓝在施足基肥的情况下，可于缓苗后、莲座期、结球始期按每 667 平方米 10 千克、15 千克、20 千克的尿素进行追施。浇水时应掌握小水勤浇，5～6 天 1 次。

夏甘蓝包心紧的叶球极易腐烂，因而要及时采收。成熟期参差不齐的地块，对包心紧的植株要先收，避免遭受损失。准备长途外运时，宜在傍晚时采收，夜间放在通风处使其散热，于清晨趁凉装筐运出，切不可在午间或雨后采收、装筐外运，否则容易腐烂。

夏甘蓝植株发棵较小,产量较低,一般每 667 平方米产量可达
2 000 千克左右。

22. 夏甘蓝主要有哪些病虫害? 如何防治?

夏甘蓝病虫害严重,要以防为主,加强防治。主要病害有黑腐病、软腐病和病毒病。黑腐病发病初期开始喷洒 14% 络氨铜水剂350 倍液,或 77% 氢氧化铜可湿性粉剂 500 倍液,或 72% 农用硫酸链霉素可溶性粉剂 4 000 倍液;软腐病用农用链霉素 200 毫克/升溶液,或新植霉素 200 毫克/升溶液,或敌磺钠 500～1 000 倍液,或 50% 代森锌水剂 800～1 000 倍液喷雾;病毒病发病初期开始喷洒 20% 吗胍·乙酸铜可湿性粉剂 500 倍液,或 1.5% 植病灵乳剂 1 000 倍液,或混合脂肪酸 100 倍液防治。主要虫害有小菜蛾、菜青虫、甘蓝夜蛾、斜纹夜蛾,要加强防治,采用生物农药 Bt 乳液、苏云金杆菌制剂、虫螨腈、氟虫腈悬浮剂等防治。

23. 秋甘蓝栽培有什么特点?

秋甘蓝是在夏季或初秋播种育苗,于秋末或冬季收获上市的一种栽培方式。具有适应性好、病虫害少、中后期进入冬季不利于病虫害的发生、很少施药或不施药等特点,而且栽培容易,营养积累高,有利于优质高产。秋甘蓝耐长途贩运,供应期长,田间采收期可延迟到翌年 2～4 月份,有利于调节上市。

24. 秋甘蓝生长期间的气候有什么特点? 对秋甘蓝生长有何影响?

秋甘蓝育苗时间多在 6 月中旬至 8 月上旬。其中中晚熟品种多在 6 月中下旬播种,中早熟、早熟品种多在 7 月上旬至 8 月上旬育苗。此时正值农历夏至到立秋节气,这段时间是全年最热的酷暑季节。其气候特点是高温多雨,空气湿度大,光照强,有利于病

虫害的发生蔓延。

秋甘蓝中晚熟品种多在 7 月底至 8 月初定植,10 月下旬至 11 月中旬收获,中早熟、早熟品种多在 8 月上旬至 9 月初栽植,10 月上旬至 11 月初上市。立秋以后 8 月份的气温开始下降,但最高温度仍高达 30℃以上,降水量和降水次数有所减少,空气湿润,光照强。其间的气候条件有利于秋甘蓝幼苗的生长发育,但防治病虫害的工作不可忽视。9 月份的气温明显下降,降水量明显减少,空气凉爽,光照柔和,非常有利于秋甘蓝的生长。中晚熟品种可进入莲座期和结球初期,中早熟、早熟品种则进入结球期。10～11 月份的天气冷凉,湿度小,光照弱,适合秋甘蓝的后期生长。

25. 秋甘蓝栽培中经常出现哪些影响商品性的问题?

秋甘蓝在莲座期和结球期要保证水分的供应。根据田间情况,适时浇水,保持土壤湿润,否则植株生长不良,结球延迟,叶球变小。高温期间要在早晨或傍晚进行浇水。甘蓝忌土壤积水,多雨季节要及时排除田间积水,以防受渍害。叶球生长紧实后停止浇水,以防叶球开裂。秋甘蓝栽培季节,病虫害发生较为严重,要及时防治,合理使用农药种类和方法,避免因病虫害发生严重而造成减产或农药残留超标。

26. 秋甘蓝栽培应选用哪些品种?

秋甘蓝选择品种的原则是适应性、优质丰产性、效益性。华北地区种植秋甘蓝,可选用早熟、中早熟品种,以中甘 8 号、中甘 18 号为主,引进试种中甘 22 号;中熟品种以中甘 9 号为主,引进试种中甘 20 号;中晚熟品种以京丰 1 号为主,引进试种中甘 19 号。华南、西南地区中早熟品种应以中甘 8 号、西园 2 号为主,引进试种中甘 18 号;中晚熟品种应以京丰 1 号、西园 3 号为主,引进试种中甘19号。东北及西北地区可参照华北地区选用品种。

27. 秋甘蓝栽培怎样准备苗床?

秋甘蓝育苗时期,无论南北方都是在夏天的高温季节育苗。北方一般在6～7月份,南方一般在7～8月份。这时气温一般在25℃以上,有时达30℃～35℃的高温。干旱多,有时有暴雨,对露地育苗极为不利,死苗现象严重,稍微管理不慎就会损苗耽误季节。所以北方采用苇帘,南方采用稻草或采用遮阳网,搭成荫棚于露地进行抗热育苗,以起到降温、防暴雨和减光的作用。其苗龄一般为35～40天。南方冬甘蓝是在早秋9～10月份育苗,一般在30～40天即可育成质量好的大苗。

秋甘蓝种子价格较高,为了节省种子投入成本,在育苗上首先要选择好通风凉爽、土地肥沃、有机质含量高、灌溉条件好的熟土地作为育苗的苗床,有条件时进行营养钵育苗,效果更好。苗床地必须除净杂草,育苗前反复耕耙,同时每667平方米施入3%米乐尔颗粒剂1.5～2千克进行土壤处理,消灭苗床中的地下害虫。为了培育壮苗,一般每667平方米施入腐熟有机肥1 000～1 500千克、复合肥15千克,做到肥、土均匀,起垄耙平,沟垄分明,然后播种。

育苗床宽为1.5米。苗床与大田面积多按1∶15～18为宜。每667平方米苗床播种550～600克,适当稀播,播后适当盖细土和稍微填压,用50%多菌灵800倍液浇透垄面,灭菌保湿,培育壮苗。

为了提高成苗率,确保大田面积,防止高温干旱和雷阵雨、暴雨的袭击,凉棚育苗是培育壮苗最有效的技术措施。晴天可盖网不盖膜,雨天盖膜不盖网,晴天网要早盖晚揭,阴天不盖。凉棚的作用是防止阳光暴晒,防止苗床干旱,降低棚内温度,适当提高棚内湿度,给幼苗的生长造成适宜的小气候,待幼苗长至3～4片真叶后方可逐步揭去凉棚。

28. 秋甘蓝怎样培育壮苗?

壮苗的标准为:苗龄 30～35 天,株高 8～12 厘米,叶片 6～8 片,节间短,下胚轴短,茎粗、紫绿色,叶片肥厚、呈深绿色,无病虫害,根系发达,栽后成活快、发棵早。苗子的强弱对定植后的发育迟早、产量的高低有着直接的影响。

播种前灌足底水,播种时采用沙土拌种便于撒播均匀,播后轻盖 0.5～1 厘米左右厚的细土。播种量根据品种的发芽率及籽粒的大小而定,一般每平方米苗床播种 2～3 克,每 667 平方米所需苗床的用种量为 1 334～2 001 克。播种后一般 3～4 天即可齐苗。出苗后及时揭去遮阳网。注意适量浇水,既要防止因床土的湿度过大而引起病害和幼苗徒长,又要防止床土过干而形成僵苗。如床面湿度过大,可撒一层干细土或草木灰降湿。苗初出土时每天浇水 1 次,以后每隔 1～2 天浇水 1 次,以保持土壤湿润。土表略干为宜。

当幼苗有 2～3 片真叶时,浅松土 1 次,以促进根系发育。4 片真叶时追提苗肥 1 次,可用腐熟的稀薄人粪尿或三元复合肥。追肥浇水要在早晨或傍晚进行。定植前 4～5 天喷施 0.3% 磷酸二氢钾 1 次,利于壮苗。

齐苗后及时间苗,除去弱苗、杂苗。播后 15 天左右幼苗达 2～3 片真叶时分苗。分苗床的平整及肥料施用同播种苗床。分苗的间距为 10 厘米×10 厘米。

29. 早秋甘蓝定植后怎样进行栽培管理?

早秋甘蓝一般产量高,耐贮藏,对调节 9～10 月份蔬菜淡季供应有重要作用。较好的品种有夏光、京丰 1 号、中甘 8 号、小铁头、争春甘蓝等。

　　当苗龄 25～30 天、苗子具有 4～5 片真叶时即可定植。秋甘蓝定植正处在高温季节,应选择阴天或傍晚进行定植。定植前 1～2 天,苗床要浇透水,秧苗宜带土移植,起苗尽量少伤根,适当浅栽,缩短缓苗期,而且生长整齐。定植水和缓苗水要浇足。一般中熟品种每 667 平方米栽 2 500～3 500 株,晚熟品种栽 1 500～2 000 株。具体情况要视栽培目的、品种和土壤条件而灵活掌握。在甘蓝生长期间,间作速生菜,宜自定植后 30～35 天内收获完毕。

　　秋甘蓝生长前期,由于气温高、蒸发量大,应每隔 10 天左右浇水 1 次。开始包心后进入生长盛期对缺水敏感,干旱时不但结球延迟甚至开始包心的叶片也会重新张开,不能结球。叶球包紧后应停止浇水,否则容易引起叶球开裂。莲座叶肥大后及时蹲苗。秋甘蓝生长期间通常追肥 3～4 次,分别在缓苗后、莲座初期和结球初期进行(重点在结球初期)。追肥的浓度和用量,随植株的生长而增加,并酌量增施磷、钾肥。当畦面已被外叶覆盖,可用 1% 尿素加 0.1%～0.2% 磷酸二氢钾进行根外喷施,或每 667 平方米随水冲施硫酸铵 10～15 千克,促进结球紧实。

　　主要病虫害防治:①霜霉病。每 667 平方米用 72% 霜脲·锰锌可湿性粉剂 800 倍液,或 64% 噁霜·锰锌可湿粉 500 倍液,对水 30～35 升,每周 1 次,连喷 2～3 次。②黑腐病。发病初期,选用农用链霉素 100～200 毫克/升液,或 1∶1∶200 的波尔多液,每隔 7～10 天喷 1 次,连喷 3～4 次。③菜青虫、小菜蛾。每 667 平方米用 5% 氟虫脲乳油 2 000～3 000 倍液喷雾,或在 3 龄幼虫发生始期用 10% 氯氰菊酯乳油 1 500～4 000 倍液、0.5% 虫螨立克乳油 2 000 倍液均匀喷雾,或用 10% 虫螨腈胶悬剂 1 000 倍液、10% 菜喜悬浮剂 1 000 倍液喷雾防治。还可兼治菜蚜。④菜蚜类。可在蚜虫发生期,每 667 平方米用 10% 吡虫啉可湿粉 20～30 克,对水 40～50 升喷雾,防效率可达 95% 以上,持效期达 15 天。⑤地下害虫,可用毒死蜱乳油,每 667 平方米 0.25 升随水冲施。

30. 秋甘蓝哪个时期收获比较好？

早熟品种为了提早上市，只要叶球适当紧实即可分期收获。中、晚熟品种可根据品种的整齐度，待叶球长到紧实时一次收获或分次收获。判断叶球是否包紧，可用手指在叶球顶部压一下，如有坚硬紧实感，可以采收。有些品种在叶球已包紧而没能及时收获时，常出现因内部继续生长而开裂，如要延期采收，可铲断根，能抑制生长，减少叶球开裂。

31. 越冬甘蓝栽培中经常出现哪些影响商品性的问题？

越冬甘蓝于秋季 7 月底至 8 月初播种育苗，避免播种过早或过晚。越冬甘蓝播种早，越冬前叶球已包紧实，耐寒性下降，容易在冬季被冻坏；播种晚，越冬前不能包半球，则越冬后易抽薹开花，严重减产。苗龄一般 30 天左右。

32. 越冬甘蓝栽培应选用哪些品种？

越冬甘蓝品种选择应遵循以下基本原则：①晚熟的 120～140 天的品种。②叶片厚实、干物质及含糖量高。③叶球紧实、耐裂性强、抗病、抗虫。④球形以地区需求而定。一般南方需扁圆或高扁圆的，如西园 4 号；而北方需圆球形的，如怡农的比久 1039、北京井田的冬雅、新丰甘蓝、单球重 1～2 千克。⑤植株抗逆性强，前期有一定的耐暑性，生长中后期有一定的耐寒性，抗抽薹能力强。⑥甘蓝一般可以忍受短期的 $-8℃～-10℃$ 的低温，低于 $-10℃$ 需加一定的覆盖。温度再低的地区，甘蓝则不可越冬。$-5℃$ 以上的地区，除特殊年份外，均可越冬。

33. 越冬甘蓝播种期与生育期有什么样的关系?

越冬甘蓝最重要的是播种期,因播种期的早晚决定甘蓝成功与否。播种过早的植株生长过大,已基本成熟的植株抗寒性逐渐降低,不利于越冬;播种期过晚的植株处于未包球状态,最易通过春化抽薹,从而导致种植失败。因此播种时期的确定以生长期的长短及当地秋季气候特点及早霜到来的时间等综合而定。

在我国由于地理纬度的不同温度差异很大。在长江流域及其以南地区,无霜期长,冬季温度略高,播种期在 7 月底至 8 月 20 日(最晚不能超过 8 月 20 日);而长江以北地区无霜期略短,越往北温度越低,播种期应适当提前;而华北南部、河南、山东等地播种期应在 7 月底左右(最晚不能超过 8 月 5 日)。越冬甘蓝播种期不仅要求严格,而且浮动时间也很短,一般在 10～15 天。

34. 越冬甘蓝越冬前应达到什么样的标准?

入冬前越冬甘蓝植株外部特征表现:生长势强,叶片厚实。进入包球中后期的叶球直径以品种而定,一般要求必须在 13 厘米以上。结球紧实度达 60%～70%,植株干物质及含糖量较高,根粗壮;具备越冬的条件。

35. 提高越冬甘蓝商品性栽培技术的要点是什么?

(1)适时播种,培育壮苗 根据不同品种、不同上市时间,安排播种期。每 667 平方米用种量 50 克,每 667 平方米苗床面积 50 平方米左右,苗床选择排灌方便、肥沃的沙质壤土。经翻耕细整后做成 1 米宽畦,每 667 平方米施三元复合肥 40～50 千克作基肥。

播前浇足底水。耙平畦面,种子用干细土拌匀撒播,力求均匀。播后覆盖 0.5 厘米厚过筛焦泥灰,上面再覆盖遮阳网保湿,待出苗后立即揭去遮阳网。齐苗后进行 1 次间苗和匀苗,使每株苗都有一定营养面积。追施 1 次淡肥水,促进生长。为防苗床地下害虫,可用 48％毒死蜱乳油 1 500 倍液浇灌。幼苗期为防立枯病、猝倒病,可在每平方米土地中覆盖用焦泥灰拌入 50％多菌灵可湿性粉剂 10 克。幼苗期虫害有菜青虫、小菜蛾、斜纹夜蛾等,可用 5％氟虫腈悬浮剂 2 000 倍液或 5％氟啶脲乳油 1 500 倍液防治。蚜虫可用 10％吡虫啉可湿性粉剂 2 000 倍液防治。

(2)适时定植,合理密植 前作收获后及时翻耕,结合整地,每 667 平方米施腐熟厩肥 4 000 千克左右作基肥,三元复合肥 30～40 千克作中层肥。厩肥均匀撒施,复合肥拌匀后撒施。定植前 4～5 天用 0.3％磷酸二氢钾加 0.2％硼砂进行根外追肥。畦宽依土壤排水条件和土质而定。畦宽 2 米种植 4 行,畦宽 1 米种植 2 行,行距 40～50 厘米,株距 30～40 厘米,一般每 667 平方米种 3 500 株左右。因越冬甘蓝开展度小,可密植,以提高产量。定植后立即浇定根水或浇稀粪水。

(3)加强管理,促进高产 加强水肥管理,促进优质高产。做到基肥足,追肥速,养分全,土壤湿润,生长迅速,年内甘蓝包心程度高达 50％～80％。因此包心前期每 667 平方米追施尿素 10～15 千克促进生长,待内部叶片弯曲抱合、开始结球时重施追肥,每 667 平方米施尿素 15～20 千克,按成熟期早晚,抓紧追施。还应配施氯化钾或三元复合肥 5～7.5 千克,促进早结球,提高品质。追肥时根据土壤干湿情况,潮湿时干施,干旱时加水浇施或沟灌。追肥灌水后进行清沟培土,压根保暖,防止渍害发生。

(4)适时收获,陆续上市 越冬甘蓝结球后在冬季既不会立即破球,又可安全越冬,保持优良品质和商品性,因此可根据市场行情,分期分批陆续上市和调运,及时供应鲜嫩球菜。

36. 紫甘蓝的栽培方式有哪些？如何安排？

紫甘蓝耐寒性强,适栽范围广,可以利用不同品种,采用不同的栽培方式,分期播种,达到周年供应。现将华北地区紫甘蓝主要栽培季节列表(表1)介绍如下,供各地参考。

表 1　华北地区紫甘蓝栽培季节　(旬/月)

栽培方式	播种期	定植期	收获期
温　室	上/12	中下/2	上中/5
中小棚	中下/12	下/2至上/3	下/5至上/6
地　膜	中下/1	上/4	上/6
春露地	中/2	中/4	中下/6
秋露地	中/7	上中/8	中/10
秋冬栽培	下/7	下/8	下/3～4

紫甘蓝栽培多以春、秋两季为主。秋季栽培收获时,可带根假植贮藏。根据市场需求,利用温室、大中小棚等保护地设施,错开播种,分期上市,一年四季均可生产。

37. 紫甘蓝怎样培育壮苗？

紫甘蓝的春季栽培有温室、改良阳畦、塑料大棚和露地几种方式。也可以在保护设施内育苗。在外界环境条件适宜紫甘蓝生长时,可定植到露地栽培。

播种时间一般于1～2月份在塑料大棚或日光温室内育苗,3月上中旬定植。播种前,每平方米苗床施腐熟的有机肥3千克、三元复合肥100克,然后深翻整平土地,搂平床面。每种植667平方米大田的紫甘蓝需要育苗床15平方米,播种量50克。播种前苗床要浇足底水。也可用育苗盘、营养钵育苗。

苗床播种选晴天进行。播种前整平地面,浇足底水,待水渗下后先撒一层药土,然后将种子均匀撒入育苗畦内,播种量为每平方米约3克,播后再覆盖1厘米厚的过筛细土,注意覆土要均匀。播种后至幼苗出土要尽量维持高温,争取早出苗、出齐苗。白天维持在20℃~25℃,夜间能达到15℃为宜。大多数幼苗出土后应及时通风降温,防止高脚苗。为防止降低温度,造成幼苗生育延迟,苗期日常管理中浇水量不能过大,在浇足底水后基本上不再浇水。如果苗床湿度过大,可以在苗床上撒干细土,这样既可以降湿,又可以起到护苗的作用。当幼苗有3片真叶左右时要浇1次水,然后分苗。其他管理可参照春结球甘蓝的日常管理。

紫甘蓝秋季栽培育苗期一般安排在6月初至7月初播种,苗期30~40天。露地栽培的播种时间较秋延后栽培的播种时间早。播种可以用普通苗床或育苗盘育苗。由于苗期正值高温多暴雨季节,因此苗床要搭建遮荫防雨棚。移植苗龄以7叶苗龄为最佳。即使要分期播种、拉长上市时期,移植苗龄也应以7叶苗龄为宜。具体栽培管理可参照普通秋甘蓝育苗栽培管理措施。

38. 紫甘蓝栽培何时定植？要注意哪些问题？

当苗子有5~6片真叶时及时定植,株行距35厘米×50厘米。栽培紫甘蓝要选择土地肥沃、排灌方便的地块。定植前深耕晒田,施足基肥,一般每667平方米要施用腐熟有机肥3 000~4 000千克、三元复合肥50千克。肥料与土壤耕耙混匀后整地做畦。雨水多的地区要做成深沟高畦,畦宽110厘米,栽2行。

紫甘蓝春季苗龄70~90天,秋季苗龄30~35天。幼苗有6~7片真叶即可,不要过长。定植选择土壤肥沃、排灌方便的地块栽培。定植前,每667平方米施有机肥5 000千克、磷酸二铵40千克、硫酸钾50千克。秧苗要带土定植,减少根系损伤。定植后立即浇定根水,促使活棵。平畦定植先挖穴栽植,再浇水;起垄种植,畦宽110厘米。在畦上种2行,行距50厘米,株距35厘米。

定植密度依品种而定,早熟品种每 667 平方米栽 2 500～3 000 株,中晚熟品种 2 000～2 500 株。定植时间除保护地温室可适当提早外,其他栽培方式,一般都是在土壤解冻后、春季终霜结束、气温稳定在 6℃以上时才定植。如春季定植过早,易造成先期抽薹。秋季定植可适当提早,过晚则结球期温度低,结球易松散,不紧实。

39. 紫甘蓝定植后如何进行田间管理?

生长前期注意蹲苗,莲座期后保证水肥供应。紫甘蓝是需水较多的蔬菜,定植以后要浇 1～2 次缓苗水,然后控制灌水进行蹲苗。早熟品种蹲苗需 10～15 天,中晚熟品种可控制 1 个月左右。蹲苗期间既要保持一定的土壤湿度,使莲座叶有一定的同化面积;又要控制水分不要过多,使内短缩茎缩短,叶球结球紧实。切忌过分蹲苗,否则结球小、影响产量。到莲座叶末期开始结球时,应大量灌水,促进叶球生长。一般土壤见干就浇水,每次收获后也要适当灌水。

紫甘蓝对肥的需求是:缓苗后 15 天,结合浇水进行第一次追肥,每 667 平方米施尿素 15～20 千克。第二次追肥于莲座叶封垄前、球叶开始抱合时,每 667 平方米施尿素 10 千克、硫酸钾 5 千克。第三次在结球期,每 667 平方米施尿素 20 千克、硫酸钾 10 千克、磷肥 10 千克,后期追施稀粪水或少量化肥,不要大肥大水,以免出现裂球。

保护地栽培要进行通风。保护地定植后 7～10 天内,白天温度控制在 25℃～27℃、夜间 13℃～15℃。进入莲座期和结球期,白天温度控制在 18℃～20℃、夜间 12℃～15℃。若白天温度超过 25℃,要打开薄膜通风。温度低于 17℃时要盖膜防止通风。随即浇水。结球期保持土壤湿润。浇水可选晴暖天气,阴天不宜浇水。

紫甘蓝定植缓苗后进入蹲苗期,这一时期早熟品种要中耕 2～3 次,中晚熟品种中耕 3～4 次。第一次中耕宜深,要全面锄草,以利保墒,促进根生长。莲座期中耕宜浅,并结合培土,促进外短缩茎多生根,有利于结球。封垄后要随时拔掉杂草。

紫甘蓝定植后约100天可采收叶球,当叶球抱合达到相当紧实时即可收获。叶球充分紧实,切去根蒂,去掉外叶和损伤的叶片,保证叶球干净不带泥土,即可上市。早熟品种达到一定大小和相当充实的程度可分期收获上市。

40. 皱叶甘蓝怎样安排栽培期?

皱叶甘蓝与普通甘蓝栽培季节相似,但皱叶甘蓝栽培不广泛,目前生产中多以春、秋两季露地栽培为主。在南方温暖地区为秋、冬露地栽培,冬、春收获。北方露地栽培以春、秋两季为主。耐热品种可以在夏季栽培,夏末秋初收获。

华北地区,春露地栽培在1月下旬至2月中旬于阳畦冷床或温室育苗,3月中旬至4月上旬定植到露地。夏季栽培用极早熟品种及耐热品种,3月上旬育苗,4月下旬定植,6月上旬始收;或4月上旬至5月下旬播种,8~9月份收获。秋露地栽培,6月上旬开始分批播种,7月上中旬至8月上旬定植。

41. 皱叶甘蓝定植时要注意哪些问题?

定植前2~3天,苗床浇透水,以便起苗多带土。选健壮苗定植。健壮苗应有6~7片真叶,叶片肥厚、色深绿,茎粗,节间短,根系发达,无病虫。春季定植的苗龄稍大,秋季定植的苗龄要稍小。

最好选2年内没种过十字花科蔬菜、土质肥沃、排灌水方便的地种植。前茬收获后及时清除杂草,并耕翻晒垄,施足基肥。用肥量一般每667平方米施堆肥5 000~6 000千克、复合肥40千克。掺入过磷酸钙30~40千克,如有草木灰可掺100~150千克则更好。耕翻混匀,耙碎耙平,开沟做高畦。

春季要适时定植,不可定植过早,否则易发生未熟抽薹现象;定植过迟,幼苗根系尚未恢复生长,易受冻害缺苗。要在日平均气温稳定在 6℃～8℃、近地膜 10 厘米处地温达 5℃ 以上时才能定植,一般在 3 月上中旬。盖地膜的可适当提前 1 周定植。

合理密植是提高产量的重要措施之一。定植密度应根据品种特性、生长期长短来确定,早熟品种密度大些,中晚熟品种密度小些。一般种植的行距 50 厘米,株距 40～45 厘米,每 667 平方米栽3 000～3 300 株。

定植时间要选择阴天或晴天傍晚进行,缩短缓苗期。定植时用刀片在地膜上划十字裂口,然后开挖定植穴,再把苗坨放入定植穴中。栽苗不宜深,以土坨表面与畦面相平为度。定植后及时浇定根水,最好浇稀粪水。待水渗下后用畦沟中细土逐株覆盖栽植洞口,封严定植穴,以达到保水、保肥、保温的目的。

42. 皱叶甘蓝商品性的栽培技术要点是什么?

定植后 5～7 天浇 1 次缓苗水。春季栽培的,由于前期气温和地温相对较低,植株生长量也很小,因此浇水量不宜过大。秋季栽培的,定植后 1～2 天就需要浇 1 次水,7 天后再浇 1 次缓苗水。缓苗水过后应适当控制浇水,进行蹲苗。以后应每隔 7～10 天浇1 次水。

随着春季温度的逐渐升高,植株生长加快,故需加大浇水量,并增加浇水次数,地面见干时就要浇水。秋季栽培,外界气温较高,需水量也大。莲座期及开始包心后加强水分供给,直至采收前经常保持土壤湿润,但不能大水漫灌。春季用地膜覆盖的,可比露地延后 3～4 天浇水,待地表稍干时进行。需作贮藏的菜,在收获前 5～7 天停止浇水。高温天气不要在中午灌水,要在早晨或傍晚进行。皱叶甘蓝喜湿润,但忌土壤积水,以防受渍害。多雨天要排水防涝。

定植成活后适时中耕,防止土壤板结,促进土壤透气。中耕次数及深浅,依天气及苗的大小而定。第一次中耕宜深,在植株周围锄透。莲座期和结球前期结合浇水、施肥、中耕,宜浅锄,并向植株周围培土。中耕过程要避免伤害叶片。在外叶封垄后不再进行中耕,若有杂草应及时拔除。

皱叶甘蓝需肥较多,除重施基肥外,还需追肥 2～4 次。春季栽培,前期追肥量小。春季回暖后采用大肥大水进行管理。追肥前期以氮、磷、钾肥为主,后期以氮肥为主。定植缓苗后结合中耕追肥 1 次,每 667 平方米追尿素 10～15 千克。莲座期追肥 1 次,每 667 平方米追施尿素 15 千克、磷钾肥 5 千克,混合施用;或每667 平方米施用硫酸铵 20～25 千克,施于苗根部约 10 厘米处,结合培土浇水。开始包心至结球前期,连续追肥 2 次,每次每 667 平方米用硫酸铵 15 千克或碳酸氢铵 20 千克。

43. 抱子甘蓝栽培中经常出现哪些影响商品性的问题?

由于春季栽培结球期正值高温季节,易导致叶球松散,产量、质量降低。抱子甘蓝易通过春化阶段,温度管理是春季栽培成功的技术关键之一。春季栽培,前期温度低,保护地要注意保温,以防抱子甘蓝提前通过春化阶段而先期抽薹。栽培后期,外界温度逐渐增高,而抱子甘蓝结球期所需要的温度低,因此要适时通风,降低棚内温度。抱子甘蓝要适时采收,当叶球充分发育膨大、结球紧实、达到本品种标准大小时即可采收。如采收过晚,叶球开裂,质地变粗硬,商品性降低。优质产品的标准是:小叶球直径达到品种特性,抱合紧实,球色鲜绿。

44. 抱子甘蓝怎样安排栽培季节?

抱子甘蓝以露地栽培为主。南方冬季温暖、夏季炎热的地区,露地栽培只能秋播,7月中下旬至8月上旬播种育苗,苗床用遮阳网覆盖防高温暴雨,9月中旬定植,12月中旬至翌年3月份收获。

长江中下游地区播种适期从6月下旬至7月下旬,需设防雨棚加遮阳网,用穴盘育苗,11月份至翌年3月份收获。露地春栽的,1～2月份保护地育苗,3月份定植,5～6月份始收;或3月上中旬育苗,4月份定植,7～10月份采收。

华北地区春保护地栽培一般于12月份至翌年的1～2月份育苗,2～3月份定植,5月底至6月份采收。春露地栽培一般于2月上旬在保护地育苗,3月下旬定植,6月下旬开始采收。秋露地栽培6月底育苗,7月下旬至8月初定植,10月下旬移植塑料大棚或日光温室内,12月底采收。北方冬季寒冷的地区宜于春季4月上旬在保护地育苗,5月下旬或6月上旬定植露地,8月中下旬开始采收。

45. 抱子甘蓝栽培应选用哪些品种?

(1)**抱子甘蓝秋季栽培应选择的品种**　要根据当地的气候条件及现有的农业设施和市场的需要,选择适宜的品种。我国华北以南地区,宜选择定植后90～100天能成熟的早熟品种,如美国产的王子,荷兰的科仑内、多拉米克,日本产的早生子持、长冈交配早生子持、子宝。采取日光温室栽培除选用早熟品种外,还可用中熟品种栽培。大棚栽培宜选择早熟品种。

(2)**抱子甘蓝春季栽培应选择的品种**　日光温室春季早熟栽培宜选用早熟品种,于1月上旬温室育苗,2月下旬定植,5月中旬至6月上旬收获;也可选择晚熟品种,于12月下旬至翌年1月份播种育苗。春季露地栽培早熟品种在4月中旬播种,5月下旬定植,8月份开始收获;中熟品种5月上旬播种,6月份定植,9月中旬开始收获。春季栽培多以日光温室春早栽培为主,选用早熟品种栽培。

46. 抱子甘蓝怎样确定播种量？何时播种较好？

抱子甘蓝种子千粒重 4 克左右，按每 667 平方米地定植株数 2 000 株、种子发芽率 90％计算，每 667 平方米用种量为 10 克左右，但实际用种量应比理论值高，故育苗的每 667 平方米用种量为 15 克左右。

播种期根据各地栽培季节而定。一般苗龄 40 天左右，幼苗 5～6 片真叶时定植。

47. 抱子甘蓝秋季栽培怎样培育壮苗？

由于抱子甘蓝种子多为进口，因此价格比较昂贵。最好选择穴盘或者营养钵育苗，以减少用种量，降低成本。这种育苗方法还可以提高成苗率，便于苗期管理，省去了间苗、分苗的步骤。

可采用 72 孔的穴盘或直径 10 厘米的营养钵。营养土的配制可以用草炭、蛭石各 50％，每立方米加入 40 千克腐熟有机肥或尿素、磷酸二氢钾各 1.2 千克；也可以用大田土配制，每立方米营养土需过筛无病菌大田土 600 千克、有机肥 400 千克、尿素 0.25 千克、磷酸二氢钾 1 千克，与土充分混匀，然后装盘。

播种前，营养土浇透水，待水渗完后在上面均匀撒一层细土，然后每穴播 1～2 粒种子。播后覆盖蛭石或细土 1 厘米，一次成苗，定植后成苗率可达 95％以上。苗期注意遮阳防雨，保持温度在 20℃～25℃。因为外界气温较高，水分蒸发快，所以要加强水分管理，穴盘中营养土保持湿润。当苗龄达 35 天左右、秧苗有 5～6 片真叶时即可定植。

48. 抱子甘蓝春季栽培怎样培育壮苗？

日光温室春季早熟栽培宜选用早熟品种，于 1 月上旬温室育苗,2 月中下旬定植,5 月中旬至 6 月上旬收获;也可选择晚熟品种,于 12 月下旬至翌年 1 月份播种育苗。春季露地栽培早熟品种在 4 月中旬播种,5 月下旬定植,8 月份开始收获;中熟品种 5 月上旬播种,6 月份定植,9 月中旬开始收获。

由于春季栽培结球期正值高温季节,易导致叶球松散,产量质量降低,所以多以日光温室春早栽培为主,选用早熟品种栽培。

春季早熟栽培多采用穴盘或营养钵育苗。可选择 72 孔穴盘,基质用草炭和蛭石各 50%,或草木灰、蛭石、废菇料各 1 份,覆盖用蛭石,每立方米基质加 1.2 千克的尿素和 1.2 千克的磷酸二氢钾,肥料与基质混拌后备用。需 28~29 个穴盘,基质 0.14 立方米。

播种前种子用 50℃~55℃温水烫种,然后在 30℃水中浸种 2~3 小时,用纱布包好置于 20℃~25℃环境下催芽,当 50%种子露白后进行播种。每穴播种 1~2 粒种子,覆盖 1 厘米厚的蛭石。然后喷透水,出苗后及时查苗补缺。

抱子甘蓝易通过春化阶段,温度管理是春季栽培成功的技术关键之一。播种后要立即扣严塑料薄膜,夜间加盖草苫保持育苗畦内温度。白天保持 23℃左右,夜间 10℃~15℃,促进出苗。出苗后适当降低苗床温度,白天 15℃左右,夜间 5℃左右。此期外界温度较低,要注意防寒保温,以防止温度过低而使生长缓慢。晴暖天气要注意通风,防止温度过高,造成秧苗徒长。

由于播种时基质已浇透水,而此时外界温度也较低,因此苗期一般不需要再浇水。当基质略显干燥时,可以喷洒少量的清水,以见干见湿为宜。3 叶 1 心后结合喷水进行 1~2 次叶面喷肥。如水分过大,要撒一层干细土,或在满足温度条件下利用通风来降低湿度。当苗龄 40 天左右、幼苗具有 5 片真叶时即可定植。定植前 1 周要进行低温炼苗,使幼苗适应定植环境。

49. 抱子甘蓝如何整地定植？

选 3 年未种过甘蓝类作物的田园，提早进行深翻晒土。抱子甘蓝生长期长，植株高大，需肥量大，生长不良直接影响产量，所以定植前应施足基肥。基肥要用腐熟的有机肥，每 667 平方米施用腐熟细碎有机肥 3 000 千克或膨化鸡粪 1 000 千克、磷肥 20 千克。整平后按 1.2 米做垄，垄高 20～25 厘米，选择阴天或晴天傍晚定植，每垄种 2 行，株距 30～50 厘米，每 667 平方米栽 2 000～2 500株。带土定植，尽量少伤根，定植不要过深，栽后要及时浇水，提高成活率。可在行间套种散叶生菜、油菜、樱桃萝卜等速生菜，待抱子甘蓝苗长高时收获结束。

50. 抱子甘蓝定植后如何管理？

抱子甘蓝定植后每个月追肥 1 次，每次用尿素 5～10 千克随水浇施。同时要中耕培土。风大的地方要插竹竿作支架防倒伏。茎秆中部结球时，应将下部叶片和顶芯摘除。肥水要充足，促进同化叶形成，出现小芽球后保持土壤湿润，适量追施氮、钾肥料。具体做法应本着前重后轻不缺肥的原则进行，一般可进行 3～4 次追肥。第一次在定植成活后 4～5 天，浇施薄肥，以利植株恢复生长。第二次在定植后 1 个月左右，每 667 平方米施 2 000 千克腐熟的人粪尿，促进植株营养生长，使其进入结球期前有一定数量的同化叶。两次追肥都要结合中耕进行培土，防止肥水流失和植株倒伏。第三次追肥在芽球膨大期进行，每 667 平方米施尿素 10～15 千克，促进芽球的发育和膨大。第四次追肥在芽球的采收期进行，此时下部的芽球不断采收，上部的芽球不断形成，需要消耗大量的养分，应及时追肥，有利于提高产量。以后在每次采收后轻施 1 次肥料。

抱子甘蓝小芽球的形成需要冷凉的气候、充足的光照、较短的日照和充足的肥水等条件。生长期间,根据气候情况适当浇水,既不能过干也不能过湿。对于植株基部结球不良的芽球和病叶应及时摘除,减少养分消耗,也有利于通风透光。芽球生长在叶腋间,其发育膨大会受到叶柄的压迫,使芽球形成不正,影响外观,尤其矮生种,节间短影响更大。所以在芽球膨大后要剪去老叶,自下而上分几次进行。上部的叶片不能去掉。当植株长到一定程度时抽心,以集中养分,加速芽球膨大。

51. 抱子甘蓝如何采收及贮存?

成熟的小叶球要及时采收,以免散开。早熟品种定植后 90～110 天开始采收,晚熟品种需要 120～150 天开始采收。抱子甘蓝采收期长达 2～3 个月。最多每株陆续采收小叶球 40～50 个,多者达 100 个。单球重 10～15 克,一般每 667 平方米产量可达 1 000～1 200 千克。小叶球是由下而上逐渐形成,当叶球紧实、外观发亮、有光泽时即可采收。按由下而上的顺序采收。用小刀割下小叶球。采收时用小刀从芽球基部横切,去掉芽球外叶露出淡黄色芽球时即可上市。也可装入打孔的保鲜袋中,外用纸箱包装,放于冷库暂存,在温度 0℃、遮光、空气相对湿度 95％～100％的条件下可贮存 2 个月以上。

52. 羽衣甘蓝的栽培形式有哪些?如何安排?

南方地区除高温季节外,秋、冬、春季均可露地栽培。北方地区春、秋季种植在露地,春、秋、冬季在保护地均可种植。各地可根据具体气候条件、市场需求情况和茬口安排,灵活确定种植期。

羽衣甘蓝也可盆栽,在 10 月中下旬将地栽植株带泥坨掘起,装入盆径为 20～23 厘米的盆内。上盆不要太迟,以免气温低而使基部叶片枯黄脱落。上盆后待须根长出,才可追肥,促使植株生长。12 月份以后叶片泛色鲜艳,观赏价值很高。羽衣甘蓝栽培形式见表2。

表 2　羽衣甘蓝栽培形式

栽培形式	播种期 （旬/月）	定植期 （旬/月）	行株距 （厘米）	采收期 （月）
春季保护地	12 月至翌年 2 月	1～3 月	75×30	3～6
春季露地	中下/2	下/3 至上/4	75×30	5～6
秋季露地	7～8 月	8～9 月	75×30	9～11
秋季保护地	8～9 月	9～10 月	75×30	10～5

53. 羽衣甘蓝怎样培育壮苗?

　　根据不同季节栽培选用育苗场地。春季栽培,育苗一般在 1月上旬至 2 月下旬于日光温室内进行,播种后温度保持在 20℃～25℃。苗期少浇水,适当中耕松土,防止幼苗徒长。播种后 25 天幼苗 2～3 片真叶时分苗,幼苗 5～6 片真叶时定植。夏、秋季露地栽培,6 月上旬至下旬育苗。气温较高应在育苗床上搭遮荫棚防雨,注意排水。也可露地直播。

　　早春在保护地中育苗,苗床要选择在光线充足的地方。种植667 平方米羽衣甘蓝,需要苗床 4 平方米。每平方米苗床施入腐熟并过筛的圈肥 5～6 千克,粪、土掺混后整平床面。为防止猝倒病,每平方米苗床用 50%拌种双粉剂 9 克进行土壤消毒。播种方法及管理可参照其他甘蓝蔬菜。

　　夏、秋季栽培露地直播应先整地、施肥、做畦,畦可分为平畦和高畦两种。平畦直播时,做成畦宽 120 厘米,畦面整细耙平,每畦种植 2 行,按株距 30～40 厘米进行点播,每穴播 4～5 粒种子。出苗后及时间苗,2～3 次间苗后每穴留 1 株。但由于此时正值高温多雨季节,因此多采用排水性能良好的高畦栽培。可做成 50 厘米×60 厘米的宽窄行,60 厘米为高畦,每畦种 2 行,按株距 30～

33 厘米点播。出苗后进行间苗,方法同平畦。为了保水保肥、提高产量,有条件的可先将种子点播在高畦上,再覆盖地膜,出苗后划膜放苗。

夏、秋季采取育苗移栽时,苗床应选择在土壤肥沃、地势平坦、排涝方便的砂壤土。选晴天上午播种,使用干籽。播种方法可条播或撒播。条播时按 5~6 厘米的行距开浅沟,约 1 厘米撒 1 粒种子。撒播要注意播种均匀。播后可在苗床上覆盖稻草、黑色遮阳网,防烈日暴晒、高温烤苗。苗出齐后第一片真叶展开即可进行第一次分苗。苗龄 30 天,具有 4~5 片真叶时即可定植。栽培管理措施可参考其他甘蓝蔬菜夏、秋育苗。

54. 羽衣甘蓝如何定植及整地?

当幼苗有 5~6 片叶时及时定植,定植前整地、施肥、做畦。羽衣甘蓝生长期较长,连续采收时间长,对营养需求量大,整地前施足基肥是其获得高产的关键,一般定植前每 667 平方米施优质有机肥料 3 000 千克、三元复合肥 50 千克、饼肥 100 千克,将地细耙整平后做畦。营养杯育苗的在定植前可施 1 次"送嫁肥",一般以 150 厘米宽起垄,垄以龟背形为佳、以利于排水。一垄定植 2 行。当幼苗长至 5~6 片真叶时可定植到大田、株距为 30 厘米,定植后及时浇水,每 667 平方米栽 2 800~3 000 株。在羽衣甘蓝移栽前每 667 平方米用 33% 二甲戊灵 150 毫升处理土壤,然后移栽,对作物安全。

55. 羽衣甘蓝定植后如何管理?

定植 5~7 天后浇 1 次缓苗水,缓苗后及时追肥,中耕松土 1~2 次,以提高地温,促进根系生长。在生育旺盛期的前期和中期重点追肥,每 667 平方米穴施膨化鸡粪 100 千克或三元复合肥 15 千克,深度 5 厘米。结合田间的中耕除草,除去老叶、黄叶,以增大植株间的通风透光条件,利于生长并有效地抑制病害发生;采收前需追肥 2～3 次,采收期间每隔 7～10 天追施三元复合肥或淋施腐熟的人、畜粪水肥 1 次。露地种植要注意雨后及时排涝。夏季中午应覆盖遮阳网并采取其他降温措施,使之在适宜温度下生长。冬季保护地栽培要做好保温防寒工作,揭苫后要进行通风换气。在春季 3～4 月份和冬季 11～12 月份可采取人工二氧化碳施肥措施。具体方法:每 667 平方米可用固体硫酸(含量 70%)3 升加碳酸氢铵 3.5 千克,缓慢加入清水 4 升,闭棚 1.5 小时后通风。

56. 羽衣甘蓝如何采收? 采收时有什么应注意的问题?

羽衣甘蓝每 7～10 天采收 1 次,以嫩叶 15～20 厘米长,叶缘皱褶、重叠未展开前收获最佳。

定植后 20～30 天,基叶长至 10～12 片时,保留 8～10 片基部成长叶,开始陆续采收嫩叶,每次采收 10～15 厘米长的心叶。采收过大的叶片品质老化,叶片过小则会影响产量。采收时需注意留住顶部生长点及下部老叶,保留生长势以及植株光合作用。每次每株采收 1～2 片叶。要注意去掉叶片呈平展、颜色深的没有食用价值的老叶。捆成 200 克左右 1 把,切齐叶柄出售。以后每7～10 天采收 1 次,每次采收后应追肥 1 次。

七、病虫害防治与甘蓝商品性

1. 影响甘蓝商品性的病虫害主要有哪些？

甘蓝类蔬菜是病虫害发生较重的一种蔬菜，若管理不善，病虫害的发生将严重影响蔬菜生产。在病虫害的防治上应贯彻"预防为主、综合防治"的植保方针，通过选用抗性品种，培育壮苗，加强栽培管理，科学施肥，改善和优化菜田管理系统，创造一个有利于蔬菜生长发育，不利于病虫害发生、蔓延的环境条件。

甘蓝常见的病害有霜霉病、黑腐病、软腐病、灰霉病、菌核病、立枯病、猝倒病、病毒病等，虫害主要有菜青虫（菜粉蝶）、小菜蛾、甘蓝蚜、甘蓝夜蛾、斜纹夜蛾、白粉虱等。特别是菜青虫为害严重。

2. 甘蓝类蔬菜病虫害防治存在哪些误区？

甘蓝类蔬菜是病虫害较为严重的蔬菜，是影响其产量和质量的关键因素，若管理不善，将会造成严重的后果。但是由于从事蔬菜的专业技术人员相对较少，菜农对新的种植技术较生疏，缺乏必要的识别和防治蔬菜病虫害的基本知识，在病虫害的防治上存在不少误区，严重影响甘蓝类蔬菜的生产。

(1)**重视化学防治，轻视其他措施**　对病虫害的防治要遵循"预防为主、综合防治"的植保方针，可人们往往"偏爱"化学防治，认为它能"立竿见影"，高效、迅速。实际上，其他措施若运用得当，有时候也非常有效。比如可以用黑光灯、糖醋液诱杀甘蓝害虫。

(2)**偏重使用高毒性农药和高浓度、大剂量农药**　对农药的使用原则是：能用低毒不用高毒，能用低浓度不用高浓度，能用低残留不用高残留，能用小剂量不用大剂量，最好使用最低浓度、最小倍数和最少次数。但人们为了片面追求防治效果,不论是什么病虫害,也不论是什么时期、什么作物,往往是首选高毒农药甚至剧毒农药,用尽可能大的浓度和剂量。结果导致植株产生药害、农药残留超标、环境污染,对人类的安全造成严重威胁。

(3)**用药盲目性大,不能对症用药**　各种农药都有一定的防治对象,每种防治对象对不同农药、对同种农药的不同剂型均有不同的反应。这就要求根据病虫害发生的种类、形态特征、栖息及危害特点、抗性特征等,选用适宜的农药品种和剂型,采用相应的施药方法进行防治。可实际上,人们往往是家里有什么药就用什么药;别人用什么药,我用什么药;什么药毒性大,我用什么药。

(4)**防治时期严重滞后**　病虫害防治重在预防,重在发生前、发生初展开相应的防治措施。可人们往往在病虫害盛发前不注意,总是等到暴发成灾,眼睁睁地看到已造成了明显的危害、造成了不可换回的经济损失时,才展开防治。由于错过了最佳防治时期,结果对病虫害难以控制,即使最后控制住了,也意义不大了。

3. 怎样通过栽培措施防治甘蓝病虫害?

栽培措施防治甘蓝病虫害经济、有效、安全。主要有以下几种方法。

首先是选用抗病、优质、高产的品种,这是最经济有效的方法,在起到抗病作用的同时,还能获得高产、优产。选择无病种子,在播前用温水浸种或药剂处理杀死种子表面携带的病菌,既起到了浸种催芽的目的,又可有效减轻或阻止部分病害的发生。

其次采取与非十字花科作物轮作,可以减少田间的害虫和病菌存在量,减轻病虫害发生程度。选择无病营养土育苗,也可以有效地减轻土传病害的发生,还能杜绝苗期地下害虫的为害,保护幼根。

通过合理选择播种期,优化肥水管理和调节环境因素等措施,创造不利于病虫害发生的环境条件,实行蔬菜健康栽培,都可以有效地减轻病虫害的发生。

4. 怎样利用设施条件防治甘蓝病虫害?

利用设施条件隔绝、清除、抑制或杀死病原菌和害虫,可以控制病虫害发生。例如采用覆盖防虫网、塑料薄膜、遮阳网等,阻止害虫和病原菌进入棚室,从而减轻病虫害发生。利用害虫对灯光、颜色和气味的趋向性诱杀或驱避害虫。如黄板诱杀蚜虫、白粉虱,覆盖银灰色地膜驱避蚜虫等,都有明显效果。

通过预备试验选择适宜的温度和处理时间,以能有效地杀死病原菌而不损害植物,如温水浸种。播种前利用覆盖塑料薄膜进行高温闷棚,杀死棚内及土壤表层的病原菌、害虫和线虫等。

5. 用药剂防治甘蓝病虫害须注意哪些问题?

化学防治是利用药剂控制植物病虫害发生发展的方法,也是目前最常用的方法。它具有防治效果好、速度快,特别是在病虫害大流行、大发生时效果显著的特点。但是药剂防治投入成本较其他方法高,容易造成农药残留,降低产品品质,影响出口创汇。若使用不当,还会对环境造成较大的危害,易造成病虫害抗药性增加,对以后的防治造成一定的困难。因此使用化学农药进行病虫害防治时必须坚持以下原则。

(1)**严格选择药种** 我国目前使用的农药单剂有近百种,蔬菜生产常用的杀虫剂、杀菌剂、除草剂就达 40 多种。无公害生产中使用的农药应优先使用生物农药,有选择地使用高效、低毒、低残留的化学农药。

(2)**适时防治** 应根据天气变化、病虫害发生规律,选择最佳防治时期进行。一般来说,在病虫害发生前或发生初期防治,效果最好。但在不影响产量的情况下,对病虫害可以不防治或仅通过农事操作进行防治,以降低投入成本,增加收入。

(3)**按需施药** 对不同病虫害优选不同农药品种进行防治,科学地确定用药量、施药次数,不可随意增加用药量和用药次数。在保护地生产上,优先选用粉剂或烟剂,尽可能少用喷雾的方法施药,以减轻棚室内的湿度。

(4)**轮换或混用** 农药应轮换使用或合理混用,不可长时间使用单一农药品种,以避免病虫害产生抗药性。

6. 无公害蔬菜生产中如何选用农药? 有哪些禁用农药?

化学防治在综合防治中占有重要的地位。目前随着科技进步,新农药品种、农药剂型不断涌现,使用的农药单剂有近百种,蔬菜生产常用的杀虫剂、杀菌剂、除草剂就达 40 多种。

蔬菜的受药部位大多是食用部位,有些产品还可生食,因此在蔬菜上使用农药更应慎之又慎。应注意与其他防治方法协调,积极开展综合防治。尽量选择对蔬菜病虫害防效高、在农田环境中持效期较短、对环境污染较小的农药。坚持农药安全使用规定,严禁使用剧毒、高毒和高残留的农药。严格执行各种农药在蔬菜上的使用安全间隔期,确保上市蔬菜农药残留量在国家允许残留标准之下。

所有使用的农药都必须经过农业部药物检定所登记。严禁使用未取得登记和没有生产许可证的农药,以及无厂名、无药名、无说明的伪劣农药。

禁止在蔬菜上使用甲胺磷、水胺硫磷、杀虫脒、克百威、氧化乐果、甲基对硫磷、内吸磷、治螟磷、甲拌磷、久效磷、磷胺、磷化锌、磷化铝、氰化物、氟乙酰胺、砒霜、溃疡净、氯化苦、五氯酚、二溴氯丙烷、401、氯丹、毒杀酚和一切汞制剂农药以及其他高毒、高残留农药。

尽可能选用无毒、无残留或低毒、低残留的农药。具体来说，有以下 3 条原则。第一，选择生物农药或生化制剂农药，如苏云金杆菌、白僵菌、天霸、天力二号等。第二，选择特异昆虫生长调节剂农药，如氟啶脲、氟虫腈、除虫脲、灭幼脲、氟苯脲等。第三，选择高效低毒残留的农药，如敌百虫、辛硫磷、炔螨特、甲基硫菌灵、甲霜灵等。

7. 什么是农药的安全间隔期？有什么规律？

蔬菜最后一次施药距采收时间间隔期越短，则蔬菜体内农药残留量越多；反之越少。因此，生产者一定要严格掌握各种农药的安全间隔期。一般生物农药为 3～5 天；菊酯类农药 5～7 天；有机磷农药为 7～10 天，少数 14 天以上；杀菌剂除百菌清、多菌灵要求 14 天以上外，其余均为 1～10 天。

8. 使用农药时应掌握哪些技术环节？

首先要明确防治什么病虫害，选用什么农药，使用多少剂量，心里要非常清楚。否则不仅增加成本、防效不理想，还会产生很大的副作用。其次是农药一定要交替使用，以增加药效，延缓病虫害的抗药性产生。克服和延缓抗药性的有效方法之一就是交替使用不同作用机制的两种以上农药，且要注意选择没有相互抗性的药剂交替使用。如对某杀虫剂已产生抗药性，可停止使用若干年，然后再启用。最后注意需使用混配农药的应现配现用，在混用前需查"混用适否查对表"，如代森锰锌可与敌百虫、敌敌畏、乐果混用，但不可与波尔多液、石硫合剂、硫酸铜等混用。

9. 甘蓝黑根病的症状有哪些？发生条件是什么？如何防治？

结球甘蓝、球茎甘蓝、芥蓝、花椰菜等甘蓝类蔬菜均可患此病。

苗期受害重,病菌主要从幼苗根茎部侵入,病部变黑或缢缩。潮湿时,病部生白色霉状物。植株染病后叶片萎蔫、干枯,致使整株死亡。此病一般在定植后停止扩展,但个别田仍继续死苗。此病还可表现为猝倒状或叶球腐烂。

属于真菌性病害,病菌以菌丝或菌核在土壤或病残体内越冬,田间通过接触传染。此外,种子、农具、堆肥都可传病、蔓延。菌丝生长适温为 20℃～30℃。土壤过湿时,其腐生力最强。

防治方法:①苗床设在地势较高、排水良好的地方;选用无病新土作苗床,如用旧床应进行床土消毒;使用充分腐熟的粪肥;播种不宜过密,覆土不宜过厚。②加强苗床管理,要看天气保温与通风,水分的补充宜多次少洒,浇水后注意通风换气。③床土用 50%福美双可湿性粉剂进行苗床消毒,每平方米用 9～10 克药剂与等量细土混合,播种后以 2/3 药土作盖土。④药剂防治,播种前用相当于种子重量 0.3%的 50%福美双及 65%代森锌可湿性粉剂拌种,或在发病初期喷洒 75%百菌清可湿性粉剂 600 倍液,或 60%多·福可湿性粉剂 500 倍液。

10. 甘蓝灰霉病的症状有哪些? 发生条件是什么? 如何防治?

结球甘蓝、球茎甘蓝、抱子甘蓝、芥蓝等灰霉病,苗期、成株期均可发生。苗期染病,幼苗呈水渍状腐烂,上生灰色霉层。成株染病多从距地面较近的叶片始发,初为水渍状,湿度大时病部迅速扩大、呈褐色至红褐色。病株茎基部腐烂后引致上部茎、叶凋萎,且从下向上扩展。或从外叶延至内层叶,致结球叶片腐烂,其上常产生黑色小菌核。贮藏期易染病,引起水渍状软腐,病部遍生灰霉,后产生小的近圆形黑色菌核。

甘蓝灰霉病的病原菌主要以菌核随病残体在地上越冬。当翌春环境适宜时,菌核开始萌发产生菌丝,而后长出分生孢子,分生孢子借气流或雨水传播危害。后又在病部产生新的病菌进行再侵染。当气温 20℃、空气相对湿度连续保持在 90％以上时,此病易发生和流行。

防治方法:①加强保护地或露地田间管理,严密注视棚内温、湿度,及时降低棚内及地面湿度。②棚、室栽培甘蓝类蔬菜于发病初期采用烟雾法或粉尘法,如施用 10％腐霉利烟雾剂,每 667 平方米 200～250 克;或喷撒 6.5％甲基硫菌灵·乙霉威超细粉尘剂或 5％春雷·王铜粉尘剂,每 667 平方米 1 千克。③棚室或露地发病应及时喷洒 50％腐霉利可湿性粉剂 2 000 倍液,或 50％异菌脲可湿性粉剂 1 000～1 500 倍液,或 50％乙烯菌核利可湿性粉剂 1 000～1 500 倍液,或 40％硫磺·多菌灵悬浮剂 600 倍液,每 667 平方米喷药液 50～60 升,隔 7～10 天喷 1 次,连续防治 2～3 次。

11. 甘蓝黑胫病的症状有哪些? 发生条件是什么? 如何防治?

结球甘蓝、芥蓝等甘蓝类黑胫病又叫根朽病。主要危害幼苗子叶及幼茎,形成灰白色圆形或椭圆形斑,上散生很多黑色小粒点,严重时造成死苗。病苗定植后主、侧根生紫黑色条形斑,或引起主、侧根腐朽,致地上部枯萎或死亡。该病有时侵染老叶,形成带有黑色粒点的病斑。

甘蓝黑胫病属于真菌性病害。病菌以菌丝体在种子、土壤或肥料中的病残体和十字花科蔬菜的种株上越冬,一般可存活 2～3 年。翌年在气温回升至 20℃左右时,越冬菌丝产生分生孢子,从苗的伤口、气孔、水孔、皮孔侵入,由雨水、昆虫传播蔓延。带菌的种子播种后侵入子叶而发病,逐渐蔓延到幼茎,进入维管束,致维管束变黑。高温高湿有利于该病的发生与流行,湿润多雨或雨后高温是病害流行的主要因素。在干旱条件下,该病受到抑制或不发生。

防治方法：①从无病株上选留种子，播种前采用50℃温水浸种20分钟，也可用种子重量0.4％的50％琥胶肥酸铜可湿性粉剂或50％福美双可湿性粉剂拌种。②每平方米苗床土壤用40％福美双8克拌入40千克堰土，将1/3药土撒在畦面上，播种后再把其余2/3药土覆在种子上。③与非十字花科作物实行3年以上轮作。④及时防治地下害虫。⑤发病初期喷洒60％多福可湿性粉剂600倍液，或40％硫磺·多菌灵悬浮剂500～600倍液，或70％百菌清可湿性粉剂600倍液，隔9天1次，防治1次或2次。拔除病株后喷75％百菌清可湿性粉剂600倍液，或60％福美双可湿性粉剂500倍液，或20％甲基立枯磷乳油1 200倍液，或3.2％甲霜·噁霉灵水剂300倍液。

12. 甘蓝黑斑病的症状有哪些？发生条件是什么？如何防治？

结球甘蓝等甘蓝类蔬菜的叶、茎、花梗或种荚均可染病。发病初期，多从外叶开始出现近圆形或不规则形水渍状的病斑，灰褐色至黑褐色，中央常有较明显的同心轮纹，周围有黄色晕圈，病斑多时叶片枯黄致死。叶柄、花梗上病斑呈纵条形，暗褐色。环境潮湿时，发病部位生有黑色霉状物。

甘蓝黑斑病病菌主要以菌丝体和分生孢子在病株残体、种株、种子及土壤里越冬。分生孢子借风雨传播，从寄主气孔或表皮直接侵入。发病适宜温度为13℃～17℃，低温高湿有利于该病的发生与流行。以十字花科为前茬、不适当早播、植株生长瘦弱的田块，一般发病较重。

防治方法：①与十字花科蔬菜以外的作物轮作倒茬；及时清除病株残体；合理施肥，增强蔬菜抗病力。②播种前，将种子用50℃温水浸泡20～30分钟，捞出摊开冷却，晾干后播种。或用75％百菌清、50％福美双、70％代森锰锌可湿性粉剂拌种，用药量为种子重量的 0.4％。③初发病时，及时喷药进行防治。药剂可用 75％百菌清可湿性粉剂 600 倍液，或 70％代森锰锌可湿性粉剂 500 倍液，或 58％甲霜·锰锌 500 倍液，或 40％多菌灵胶悬剂 600 倍液。每 7 天左右喷 1 次，共喷 2～3 次。

13. 甘蓝黑腐病的症状有哪些？发生条件是什么？如何防治？

结球甘蓝、球茎甘蓝、抱子甘蓝、芥蓝等甘蓝类蔬菜均可发病，主要危害叶片、叶球或球茎。子叶染病呈水渍状，后迅速枯死或蔓延到真叶。真叶染病，病菌由水孔侵入的引起叶缘发病，呈"V"形病斑；从伤口侵入的，可在叶部任何部位形成不定形的淡褐色病斑，边缘常具黄色晕圈，病斑向两侧或内部扩展，致周围叶肉变黄或枯死。病菌进入茎部维管束后逐渐蔓延到球茎部或叶脉及叶柄处，引起植株萎蔫至萎蔫不再复原。剖开球茎，可见维管束全部变为黑色或腐烂，但不臭。干燥条件下球茎黑心或呈干腐状。

甘蓝黑腐病的病原菌可在种子内、采种株上和土壤病株残体内越冬，一般可存活 2～3 年。从幼苗子叶或真叶的叶缘侵入，形成初侵染。还可通过伤口侵入，并迅速进入维管束引起叶片基部发病。采种株上病原菌由果荚柄维管束进入果荚，使种子带菌。带菌种子是远距离传播的主要途径。生长期间病原菌则可通过种子和感病菜苗、肥料、农具、灌溉水及暴风雨等进行传播，从叶缘气孔、水孔或伤口侵入寄主，沿维管束蔓延到茎部引起系统侵染。病菌生长适温为 25℃～30℃，高温、高湿、连作、地势低洼、偏施氮肥、施未腐熟肥料等，发病重。土壤排水功能差，易造成大面积病害流行；轮作次数（年数）少，易于病菌重茬感染；氮肥施用量大，有机肥及钾肥和微量元素锌、锰、钼等施用少，土壤缺素较重，植株抗病力减弱，土壤微生物环境不平衡，有利于病菌存活及繁殖。

防治方法：①发病严重的地块，与非十字花科蔬菜实行 2～3

年轮作。②选用西圆 3 号、西圆 4 号、中甘 9 号、秦甘 13 号等抗病品种。从无病地或无病株采种，或播前将种子用 50℃温水浸种 20分钟；或每 100 克甘蓝类蔬菜种子用 1.5 克漂白粉（有效成分），加少量水，将种子拌匀，置入容器内密闭 16 小时后播种。③适时播种，适期蹲苗，避免过旱过涝，及时防治地下害虫。④发病初期及时拔除病株，成株发病初期开始喷洒 14%络氨铜水剂 350 倍液，或 77%氢氧化铜可湿性粉剂 500 倍液，或 72%农用硫酸链霉素可溶性粉剂 4 000 倍液。隔 7～10 天喷 1 次，连续防治 2～3 次。

14. 甘蓝软腐病的症状有哪些？发生条件是什么？如何防治？

结球甘蓝、球茎甘蓝、抱子甘蓝、芥蓝等甘蓝类软腐病，一般始于结球期。初在外叶或叶球基部出现水渍状斑，植株外层包叶中午萎蔫、早晚恢复。数天后外层叶片不再恢复，病部开始腐烂，叶球外露或植株基部逐渐腐烂成泥状或塌倒腐烂，叶柄或根茎基部的组织成灰褐色软腐。严重的全株腐烂，病部散发出恶臭味。

甘蓝软腐病的症状表现多在包心期。发病部位先呈浸润半透明状，之后病部变为褐色、软腐、下陷，生污白色细菌溢脓，触摸有黏滑感，有恶臭味。开始发病时病株在阳光下出现萎蔫、早晚恢复，一段时间后不再恢复，使叶球外露。

甘蓝软腐病的病原菌在田间病株上或土中未腐烂的病残体以及病虫体内越冬，并可在土壤中存活较长时间，通过雨水、灌溉水、带菌肥料、农家肥、昆虫等传播，从伤口侵入。病原菌从春到秋在田间辗转危害。病害的发生与伤口多少有关。久旱遇雨、蹲苗过度、浇水过量，都会形成伤口，造成甘蓝发病。地表积水、土壤中缺少氧气时，不利于甘蓝根系发育，伤口也易形成木栓化，这时甘蓝发病重。病菌生长最适宜温度为 27℃～30℃。连作田块、地势低洼、播种期过早、田间害虫虫口密度大、施用未腐熟的农家肥以及大水漫灌等,均能加重病害发生。

防治方法:①在播种前用种子重量 0.3% 的春雷·王铜拌种进行种子处理。前作收获后及早深翻和晒土,提高土壤肥力和地温,促进病残体腐解。选择地势较高、排水良好的田块,采用高畦或高垄栽培。注意轮作换茬,切忌与茄科、瓜类及其他十字花科蔬菜连作。②及时防治害虫,减少菜株损伤。浇水宜小水勤浇,不可大水漫灌。收获后彻底清除病株残体,予以深埋或烧毁。③避免形成各种伤口。④加强田间检查,发现病株及时拔除,并用生石灰撒在病株穴内及周围进行土壤消毒,同时进行药剂防治。常选用农用链霉素 200 毫克/升溶液,或新植霉素 200 毫克/升溶液,或敌磺钠 500~1 000 倍液,或 50% 代森锌水剂 800~1 000 倍液喷雾。每隔 7~10 天喷 1 次,连续喷 2~3 次。注意务必将药喷洒到菜株根部、底部、叶柄及叶片上。

15. 甘蓝病毒病的症状有哪些? 发生条件是什么? 如何防治?

结球甘蓝、球茎甘蓝、抱子甘蓝、芥蓝等均可发病。苗期染病,叶片产生褪绿近圆形斑点,直径 2~3 毫米,后整个叶片颜色变淡或变为浓淡相间绿色斑驳。成株染病除嫩叶出现浓淡不均斑驳外,老叶背面生有黑色坏死斑点,病株结球晚且松散。种株染病、叶片上出现斑驳,并伴有叶脉轻度坏死。

种子不传播,病毒由蚜虫和汁液传播。病原在植株体内越冬,翌年春天由蚜虫传播。蚜虫发病严重的地块,发病重。气温在 25℃~28℃ 下,播种过早、邻作有毒源、虫源多、管理粗放、地势低、通风排水不良、缺水缺肥等,发病重。

防治方法:①选栽抗病品种,如黑叶小平头;适时播种,尽量避开阴雨天气。②苗期注意防蚜,要尽一切可能把传毒蚜虫消灭在毒源植物上。尤其春季气温升高后对采种株及春播十字花科蔬菜的蚜虫更要及早防治。③在发病初期,开始喷洒 20%吗胍·乙酸铜可湿性粉剂 500 倍液,或 1.5%植病灵乳剂 1 000 倍液,或混合脂肪酸 100 倍液。隔 10 天喷 1 次,连喷 2~3 次。

16. 什么是矮鸡蛋症? 发生条件是什么? 如何防治?

矮鸡蛋症为生理病害之一。其症状是:当外叶发育不好,形成小叶球,称为蛋状球。在低温、干燥、肥料不足的情况下,生长发育的苗或老化苗,其外叶不能很好地发育,长出的球叶肉薄、叶小,食用时没有新鲜感。此病多数发生在越冬栽培的甘蓝上。可通过下列措施来防止:施足基肥,适量浇水,以保持地温和土壤中的水分;用地膜覆盖保温,使植株能顺利地生长发育。

17. 甘蓝外叶发红是怎么回事? 如何防治?

甘蓝外叶发红。其症状是:幼苗外叶变成红褐色。发生的原因是:在低温下,甘蓝幼苗外叶上形成花青素,在土壤水分较多时症状明显,这与低温以及还原作用使磷的吸收不好有密切关系。发现外叶发红时,要尽可能避免在温度过低时定植甘蓝。如果定植后遇低温,使叶片变成红褐色,待气温回升就会缓慢变绿。此外,如果利用水田改种甘蓝,要注意及时排水。

18. 甘蓝裂球是怎么回事? 如何防治?

甘蓝叶球成熟后表面球叶开裂。其原因是:甘蓝收获不及时。超过了收获期的叶球,从根部吸收的水分向球叶内输送,球内的小叶便开始生长发育,造成表面球叶开裂,产生裂球。如果过熟叶球遇土壤中含水量的突然变化,造成水分吸收状况的变动,也极易产生裂球。

叶球开裂的原因是:结球中期高温、干旱的环境使叶球外侧的叶片充分成熟,角质层加厚,在结球后期突然浇大水,叶球内叶片继续迅速生长,但外侧叶片不能相应的增长,于是被撑裂。早熟品种采收不及时,也易发生裂球。防止甘蓝叶球开裂的措施是:结球期水肥供应要均匀,忌忽旱忽涝;结球后期,可割取莲座叶作饲料,减缓内叶生长速度;也可切断部分根系,减少水分吸收,以抑制内叶生长。一旦发现裂球,应及早采收上市销售,减轻损失。

19. 甘蓝不结球是怎么回事? 如何防治?

在不正常的条件下,甘蓝形不成叶球或结球松散,因而降低或失去食用价值。有时,在同一地块,有一部分植株不结球或结球松散,这种现象严重影响产量和食用价值。甘蓝不结球或结球不充实的原因如下:①播种期过晚。秋播甘蓝播种过晚,至寒冬来临生长期不足,来不及结球,即造成不结球或结球松散现象。春播甘蓝播种过晚,结球期正值炎夏,不利于结球;或是夏甘蓝包心期温度太高,均会造成不结球或结球松散现象。②气候条件不适。秋播甘蓝生长中后期阴雨过多,阳光不足或气温过低,影响甘蓝的生长发育,均会造成不结球或结球松散现象。夏甘蓝生长期阴雨天多、气温过高等也会发生这一现象。③田间管理差。甘蓝生长期肥水不足、对病虫害防治不力,造成危害严重等不良环境,均会影响生长发育而发生不结球或结球松散现象。

防止甘蓝不结球和结球松散的措施是:利用适销对路的纯种;制种技术要严格;播种期应适宜;合理地浇水、追肥,防止干旱、缺肥;及时防治病虫害。

20. 甘蓝干烧心是怎么回事? 如何防治?

甘蓝叶球内部的叶子叶缘腐烂、褐变而卷缩,呈烧边状。发生烧边的叶片,不能继续生长,严重时不能结球,轻者结球不紧实或心叶干腐,这种现象称为干烧心。

甘蓝干烧心发生的主要原因是植株缺钙。在氮肥过多、生长过嫩、土壤干旱时,钙的运转受阻或土壤缺乏有效钙时,即会发生干烧心现象。

防止甘蓝干烧心的措施:选用抗病品种;增施有机肥,施用化肥适量;追施化肥,应与氮、磷、钾配合施用;栽培地应选用肥沃、高燥地块,忌用黏重土壤和盐碱地;适期播种,均匀浇水,勿忽干忽涝;适当选用补钙与补锰的药剂。

21. 甘蓝菜粉蝶如何为害甘蓝? 发生有何特点? 如何防治?

菜粉蝶成虫别名菜白蝶、白粉蝶,幼虫称为菜青虫。幼虫食叶。2龄前只能啃食叶肉,留下一层透明的表皮;3龄后可蚕食整个叶片,轻则虫口累累,重则仅剩叶脉和叶柄。甘蓝幼苗受害,轻者影响包心,重者整株死亡。菜青虫还排出粪便污染叶片,降低蔬菜品质或引起蔬菜腐烂;取食造成的伤口易招致软腐病菌侵入,引起病害流行。

菜粉蝶以蛹在菜地附近的屋墙、篱笆、树干、风障、土缝、枯草和残株落叶等隐蔽处过冬。卵散产在甘蓝等植株叶片的正面或背面。初孵幼虫先食卵壳后食叶片,以5龄幼虫为害最重。成虫以晴天日照强的中午前后活动最盛。在蜜源植物和产卵寄主之间频繁飞翔,进行取食交配产卵活动。菜粉蝶的发生受到气候、食料及天敌等环境以及环境因素的影响。其生长发育最适宜温度为20℃～25℃,空气相对湿度为76%左右。5月中旬至6月份和8月中下旬至9月份为盛发期。

春、秋季菜粉蝶为害大。北方地区每年发生4～5代,南方地区每年发生5～9代。成虫产卵适温在22℃～24℃之间。无光照成虫一般不产卵,田间蜜源植物丰富成虫产卵多。春、秋季气象条件适宜菜粉蝶生长。

防治方法：①要清除菜粉蝶越冬场所的杂草、耕翻田园来灭蛹，降低越冬虫的基数。根据菜粉蝶越冬场所，查找越冬蛹并扑杀。在春、秋季节，捡拾甘蓝类菜叶上的菜粉蝶的蛹和幼虫捏死。②棚室内栽培或大面积栽培的地区，可释放天敌或喷施生物制剂进行防治。可采用细菌杀虫剂，如苏云金杆菌，通常采用 500～800 倍液稀释浓度。③在成虫产卵始盛期，用 1%～3% 过磷酸钙浸出液喷洒蔬菜作物，可减少落卵量的 50%～70%，兼有叶面施肥作用。④采取药剂集中防治三龄以前幼虫，可选用 10% 虫螨腈悬浮剂 2 000～2 500 倍液，或 24% 甲氟虫酰肼悬浮剂 2 000～2 500 倍液，或 25% 喹硫磷乳油 800 倍液，或 2.5% 高效氟氯氰菊酯乳油 2 000 倍液，或 5% 氟虫腈悬浮剂 2 500 倍液，或用苏云金杆菌乳剂 1 000 倍液，喷雾防治。用仿生农药 25% 灭幼脲 3 号悬浮液 1 000 倍液，或 0.2% 高渗甲氨基阿维菌素苯甲酸盐乳油 3 000～3 500 倍液喷雾防治。

22. 甘蓝菜蚜如何为害甘蓝？发生规律是什么？如何防治？

蚜虫俗称腻虫、蜜虫等，属同翅目蚜科。蚜虫食性杂，寄主范围广，是蔬菜生产上十分重要的害虫。该虫常年发生，辗转为害，保护地、露地都普遍有发生。不但直接吸食汁液为害，降低甘蓝商品品质，还诱发煤污病，传播病毒病，造成的损失远远大于蚜害本身。菜蚜是为害十字花科蔬菜蚜虫的统称，有桃蚜、萝卜蚜、甘蓝蚜 3 种。

(1) 桃　蚜

为害特点：成虫及若虫在菜叶上刺吸汁液，造成叶片卷缩变形，植株生长不良，影响包心；为害留种植株的嫩茎、嫩叶、花梗和嫩荚，使花梗扭曲畸形，不能正常抽薹、开花、结实；此外，蚜虫传播多种病毒病，造成的为害远远大于蚜害本身。

防治方法:适时进行药剂防治。由于桃蚜世代周期短,繁殖快,蔓延迅速,多聚集在蔬菜心叶或叶背皱缩隐蔽处,喷药时要求细致周到,尽可能选择兼具触杀、内吸作用的药剂。保护地内宜选用烟雾剂或常温烟雾施药技术。

(2)甘 蓝 蚜

为害特点:喜在叶面光滑、蜡质较多的甘蓝上刺吸植物汁液,造成叶片卷缩变形,植株生长不良,影响包心,并因大量排泄蜜露、蜕皮而污染叶面,降低甘蓝的商品价值。此外,传播病毒病,造成的损失远远大于蚜害本身。

防治方法:参见桃蚜的防治。首先清除田间杂草,彻底清除瓜类、蔬菜残株病叶等。早春对越冬寄主喷药,避免有翅蚜在各地块间迁飞而降低防治效果。其次保护地可采取高温闷棚法,方法是在收获完毕后不急于拉秧,先用塑料膜将棚室密闭4~5天,可以避免下茬受到蚜虫为害。其他防治措施有:利用有翅蚜对黄色、橙黄色有较强的趋性,可施用黄板诱杀有翅成虫。黄板悬挂的高度要高于甘蓝。还可以利用银灰色对蚜虫的驱避作用,用银灰色薄地膜代替普通地膜覆盖,而后定植或播种。采取药剂防治,于傍晚密封棚室,每667平方米用灭蚜粉65克,用喷粉管对准植株上空,左右均匀摆动。也可以每667平方米用22%敌敌畏烟雾剂20克,或10%氰戊菊酯烟雾剂35克。为害初期用25%联苯菊酯乳油2 000倍液,或2.5%氯氟氰菊酯乳油4 000倍液,或20%甲氰菊酯乳油2 000倍液,或吡虫啉1 000~2 000倍液,或丁硫克百威1 000~1 500倍液喷雾防治。各种农药要交替使用,以防蚜虫产生抗药性。

(3)萝 卜 蚜

为害特点:在甘蓝叶背或留种株的嫩梢、嫩叶上为害,造成节间变短、弯曲,幼叶向下畸形卷缩,使植株矮小,影响包心或结球,造成减产;留种菜受害不能正常抽薹、开花和结籽。同时传播病毒病,造成的危害远远大于蚜害本身。

防治方法:参见桃蚜的防治。

23. 甘蓝小菜蛾如何为害甘蓝?发生规律是什么?如何防治?

南北方均有分布。初龄幼虫仅能取食叶肉,留下表皮,在菜叶上形成一个个透明的斑,农民称为"开天窗",或在叶柄、叶脉内蛀食形成小隧道。3~4龄幼虫可将菜叶吃成孔洞和缺刻,严重时全叶被吃成网状,并吐丝结网。在苗期常集中心叶为害,影响包心。在留种菜上,为害嫩叶、嫩茎、幼荚和籽粒,影响结实。是甘蓝上最普遍最严重的害虫之一。

发生规律:发生代数依地区而异。内蒙古自治区及华北地区每年发生4~6代,安徽省合肥每年发生10~11代,广东省20代。长江及其以南地区有越冬、越夏现象,北方以蛹越冬。成虫昼伏夜出,有趋光性。卵散产或数粒在一起,多产于叶背脉间凹陷处。幼虫有4龄,初孵化幼虫常潜入叶肉取食。2龄后在叶背面食叶肉,残留上表皮,成透明的小斑点。后可将叶片吃成孔洞,严重时仅留叶脉。菜蛾的发育适宜温度为20℃~30℃。在北方于5~6月份及8月份呈两个发生高峰期,以春季为害重。在长江流域和华南各地以3~6月份或8~11月份为两个高峰期,秋季重于春季。

防治方法:①生物防治。每667平方米用苏云金杆菌乳剂50~75毫升喷雾;使用小菜蛾性诱剂诱杀雄蛾,可降低该虫为害程度;注意保护菜蛾寄生蛾,如绒茧蜂等天敌。②诱杀成虫。小菜蛾有趋光性,在成虫发生期,可采用多挂频振式杀虫灯或黑光灯,诱杀成虫,减少虫源。每2~2.67公顷(30~37亩)地安装1盏黑光灯,在菜蛾成虫发生期诱杀。在灯光上罩上三角形电网,可提高诱杀效果。③农业防治。秋播甘蓝避免与夏播十字花科蔬菜周年连作,以免虫源周而复始发生,加重为害;可与莴苣、洋芋轮作,与茄科间作。加强苗期管理,及时防治,避免将虫源带入本地块;蔬菜收获后要及时处理残株落叶,及时翻耕土地,可消灭大量虫源。④药剂防治。由于菜蛾虫体小、世代多、繁殖快,加之使用农药频繁,极易产生抗药性,所以药剂防治必须注意不同性状农药间交替轮换使用。优先使用非化学杀虫剂。掌握在卵孵化盛期至2龄前喷药。微生物杀虫剂可选用苏云金杆菌Bt乳剂或粉剂、复方Bt乳剂或粉剂500～800倍液约1亿个活孢子/毫升,在气温为20℃以上时喷雾。昆虫特异性杀虫剂可选用昆虫几丁质合成抑制剂5％氟啶脲乳油、5％氟苯脲乳油1000～1500倍液,或25％灭幼脲3号悬浮剂500～1000倍液喷雾,施药时间较普通杀虫剂提早3天左右。抗生素类杀虫剂可选用阿维菌素系列制剂,如1.8％阿维菌素乳油2500～3000倍液喷雾。植物性杀虫剂可选用0.5％楝素乳油700～800倍液喷雾。化学杀虫剂可选用5％氟虫腈悬浮剂1500～2000倍液喷雾。

24. 甘蓝夜蛾如何为害甘蓝?发生规律是什么?如何防治?

甘蓝夜蛾以幼虫为害。初孵幼虫群集叶背取食叶肉,残留表皮。3龄后可将叶片吃成孔洞或缺刻。4龄后分散为害,昼夜取食。6龄幼虫白天潜伏根际土中,夜出为害。大龄幼虫可钻入叶球为害,并排泄大量虫粪,使叶球内因污染引起腐烂,造成严重减产并使蔬菜失去商品价值。

华北地区每年发生2～3代,长江流域每年发生4代,以蛹在土中越冬。温度低于15℃或高于30℃,空气相对湿度低于68％或高于85％,均不利于甘蓝夜蛾的发生。常在温、湿度适宜的春、秋季发生严重。蜜源植物的多少影响成虫的寿命和产卵量;成虫喜欢在高大茂密的作物上产卵,所以水肥条件好、长势旺盛的蔬菜地受害重。

防治方法：①利用秋耕或冬耕，杀灭部分虫蛹、卵块和2龄前幼虫。在菜叶上易发现，及时摘除。②成虫发生期，晚上用黑光灯或糖、醋、蜜诱杀成虫。糖、醋、蜜的配方为糖、醋、酒和水的比例为3：4：1：2，并加少量敌百虫搅匀，傍晚置于离地1米高处诱杀成虫。③产卵期释放赤眼蜂，每667平方米设6～8个放蜂点，每次释放量为2 000～3 000头，每5天放1次，共放2～3次。④喷洒苏云金杆菌制剂，宜选用对夜蛾科幼虫致病力强的菌系，并掌握在幼虫钻蛀叶球前施药。选用植物源杀虫剂或昆虫特异性杀虫剂，需根据药剂和害虫的特性科学施用。药剂可选用苏云金杆菌Bt乳剂或粉剂、复方Bt乳剂或粉剂500～800倍液约1亿个活孢子/毫升，在气温为20℃以上时喷雾。也可选用5%氟啶脲乳油1 000～1 500倍液，或5%氟苯脲乳油1500～2 000倍液，或25%灭幼脲3号悬浮剂500～1 000倍液喷雾，施药时间较普通杀虫剂提早3天左右。用抗生素类杀虫剂，如阿维菌素系列制剂、1.8%阿维菌素乳油2 500～3 000倍液喷雾。植物性杀虫剂，如0.5%楝素乳油700～800倍液喷雾。化学杀虫剂，如5%氟虫腈悬浮剂1 500倍液喷雾。

25. 甘蓝黄曲条跳甲如何为害甘蓝？发生规律是什么？如何防治？

成虫、幼虫均可为害甘蓝。成虫食害叶片，造成许多小孔或半透明斑点，以幼苗期为害最严重，严重时幼苗嫩叶被吃光而死亡，造成缺苗断垄。在留种地主要为害花蕾和嫩荚。幼虫只为害菜根，蛀食根皮，咬断须根，使叶片萎蔫枯死。此外，被其为害造成的伤口，软腐病菌便会侵入，导致病害发生流行。

以成虫在地面的蔬菜残株落叶、杂草和土缝中越冬。翌春温度回升到10℃左右时，越冬成虫开始活动。成虫善于跳跃、有趋光性，对黑光灯特别敏感。早晚和阴雨天藏身于叶背或土块下，白天气温高时活动性强。该虫为害有群集性和趋嫩性,故蔬菜幼苗受害严重。成虫耐寒性强,冬季在 11℃ 以下才开始蛰伏,但天暖仍可活动取食。成虫寿命长,世代重叠严重。产卵以晴天午后为多,卵散产于菜株周围湿润的土隙中或细根上,深度约 1 厘米。也可在菜株基部咬一小孔产卵于内。十字花科蔬菜连作区,田间湿度大的田块,容易重发成灾。

防治方法:①十字花科蔬菜与其他作物连作,如水旱轮作或与瓜类轮作,可以显著地减轻受害。②采用农业防治方法进行防治:一是及时清除菜地残株落叶,铲除杂草,消灭害虫的越冬场所和食料基地,消灭隐藏在其中的害虫。二是播前深耕晒土,造成不利于幼虫生活的环境并消灭部分蛹。③移栽时选用无虫苗,如发现根部有虫,可用药剂防治。④发现幼虫为害根部,可用 50% 辛硫磷乳油 1 000 倍液,或 90% 晶体敌百虫 1 500 倍液,或 5% 鱼藤精乳油 1 000 倍液,或毒死蜱乳油 1 000 倍液,或增效马·氰 4 000 倍液灌根。⑤防治成虫,可用毒死蜱乳油 1 000 倍液,或增效马·氰 4 000 倍液大面积喷洒,或用 90% 晶体敌百虫 1 000 倍液喷雾。也可用烟草粉 1 份加草木灰 3 份,或用烟草粉 4 份加消石粉 5 份,混匀后于清晨露水未干时撒到菜叶上,可以有效地防止成虫为害。田间喷药防治时,应从田边向田中央逐层围喷,防止成虫逃逸。⑥铺设地膜,避免成虫把卵产在菜根上。

八、采收和采后处理与
甘蓝商品性

1. 甘蓝贮藏会引起哪些商品性的改变?

甘蓝具有适应性广、耐寒的特点。由于甘蓝的外叶坚韧、富有蜡质,叶片能忍受较低的温度,轻微的冻害(不冻心),在适宜的温度下经解冻可慢慢缓过来,因此较易贮藏运输。不同类型的甘蓝品种贮藏期不一样,如果贮藏不当,常常会发生腐烂变质和失重、萎蔫、黄化等现象。

由于环境和甘蓝自身生理等因素发生变化,其外观、色泽、风味、质地、气味以及营养成分都不可避免地要发生变化,同时重量逐渐下降。

甘蓝蔬菜采后在贮运、营销期间易发生腐烂变质和失重、萎蔫等现象,其原因概括有 3 个方面:一是环境因素如温度、湿度、气体、光线等引起果蔬组织的生理失调和衰老;二是病原微生物的侵染危害;三是机械损伤和病虫伤害引起的病菌侵染。从生理角度研究腐烂变质的原因,采取措施延缓衰老、增强果蔬自身抗病免疫力,减少腐烂变质损失,对于甘蓝蔬菜贮运、营销具有重要的经济意义。

2. 引起甘蓝蔬菜采后品质下降的因素有哪些? 如何控制?

(1)引起甘蓝蔬菜采后品质下降的因素

①呼吸作用 新鲜蔬菜采收以后仍是活的有机体,其主要代谢过程是呼吸作用。由于其生命活动使幼嫩蔬菜成熟、衰老、品质

下降。另外,蔬菜分解自身贮藏的营养维持其生命活动。由于呼吸作用使蔬菜养分损失,产生二氧化碳、水和热量,促进蔬菜温度升高、水分损失、鲜度下降。并且温度越高呼吸越旺盛,对蔬菜品质、鲜度的影响就越大。

②水分蒸发 一般蔬菜含水量在 90% 以上。表面蒸发和伴随呼吸的水分蒸散,使蔬菜失水,品质、鲜度下降。一般蔬菜失水 5%,就能看到明显的萎蔫。

③微生物的作用 由于微生物的侵染,造成蔬菜腐烂、败坏。

(2)抑制甘蓝蔬菜品质下降的方法

①低温 是抑制蔬菜采后品质下降的最有效也是最基本的方法。低温可以降低蔬菜的代谢水平,延缓成熟和衰老;降低蔬菜的呼吸强度,减少养分损失和失水;提高相对湿度,减少蔬菜水分的蒸发;抑制微生物的侵染和繁衍。

②环境气体调节 适量提高环境中二氧化碳浓度、降低氧浓度,可有效抑制蔬菜的呼吸,延缓衰老,减少蔬菜养分损失。及时清除环境中的有害气体,也会抑制蔬菜的败坏。

③包装 良好的包装可为蔬菜创造适宜的气候条件,减少蔬菜水分蒸发;增加二氧化碳浓度,降低氧浓度,减缓蔬菜代谢水平;保护蔬菜,减少机械损伤以及再污染的机会。

④轻拿轻放减少机械损伤 防止机械损伤是蔬菜采后处理全过程都要十分重视的问题。机械损伤可导致蔬菜呼吸强度升高,增加微生物侵染机会,促使蔬菜腐烂败坏。

3. 甘蓝蔬菜采收应注意哪些问题?

甘蓝蔬菜的采收根据其生长情况、市场的需求、使用农药的安全间隔期、采收方法等因素,确定这些因素还要考虑不同甘蓝种类的特点、采后的用途、运输时间长短及运输方式、贮藏时间长短及贮藏方式、销售时间及销售方式等。具体应注意的问题如下。

(1)**使用农药的安全间隔期**　在生产过程中使用了无公害蔬菜允许使用的农药,在采收时必须达到所使用农药的安全间隔期。

(2)**采收成熟度**　在叶球大小定型、坚实度达到八成、外层叶片发亮时即可采收。对于商品蔬菜采后贮藏和流通保鲜,一般就地销售的蔬菜可以适当晚采收;长期贮藏和远距离运输的蔬菜则要适当早采;冬天收获的蔬菜可适当晚采,夏、秋季气温高、雨水多,采收不及时容易造成裂球或腐烂,影响产量及品质,要适当早采;有冷链流通的蔬菜可适当晚采,常温流通的蔬菜要适当早采。

(3)**采前适量控水**　要根据甘蓝不同品种在收获前一定时间适当停止浇水,一般控水 3～7 天,可提高耐藏性,减少腐烂,延长蔬菜采后保鲜期。

(4)**在 1 天中温度最低时采收**　尽量在 1 天中温度最低的清晨采收,可减少蔬菜所携带的田间热,降低菜体的呼吸,有利于采后品质的保持;相反,不要在高温、暴晒时采收。甘蓝蔬菜一般应选择晴天早上收获,避免在采收和运输过程中人为造成二次污染。

(5)**避开雨水和露水**　不要在雨后和露水很大时采收,在这种条件下采收的蔬菜很难保鲜,极易引起腐烂。

(6)**防止机械损伤**　采收时要轻拿轻放,严格防止机械损伤。机械损伤是采后贮藏、流通保鲜的大敌。机械损伤不仅可引起蔬菜呼吸代谢升高、降低抗性、降低品质,还会引起微生物的侵染导致腐烂。

此外,甘蓝蔬菜采收时还要严格掌握标准,保持该品种特有的形状及色泽,如叶球无腐烂变质、无损伤及病虫害,表面干净,结球适度,无裂球、无抽薹,圆球形甘蓝单个叶球重量标准为 1.2 千克以上。按标准分批采收,用刀从基部截断,去除黄叶或有病虫斑的叶片,然后按球的大小分级,放入塑料周转箱内,装运时要轻拿轻放。

4. 甘蓝蔬菜采收后如何修整?

蔬菜采后修整主要是指对叶菜和根茎菜进行净菜加工的过程。修整过程最好与收获一起进行,只采收符合商品质量标准要求的部分,将其他部分留下,这样一方面可以减少蔬菜再修整对菜体造成的机械损伤,又可将所有垃圾留在产地,并可直接进行下一道工序实施包装,提高效率。具体步骤如下:①去叶。把结球甘蓝轻放在操作台上,保留 3 片外叶,人工除去多余外叶。②分拣。剔除腐烂、黄叶、焦边、胀裂、膨松、冻害、病虫害、机械伤等明显不合格产品。③切根。用刀把根切至与叶球相平,每切 10 棵后刀要放入 500 倍高锰酸钾液中消毒。④除渍。用干净抹布抹去甘蓝上的泥渍、杂质、水滴。

5. 甘蓝蔬菜采收后为什么要分级?

分级是实施蔬菜采后商品化的重要措施。分级可将同一品种、同一批次中不同质量、不同大小的蔬菜,按照蔬菜质量要求进行分级,使同级蔬菜中质量、大小基本一致,大大提高了蔬菜产品的整齐度。将不同档次的蔬菜投放不同市场,实现优质优价,提高产品的效益,实现商品化,对实现蔬菜流通现代化管理、建立良性市场竞争机制具有重要的意义。

分级的意义在于:①实现农产品标准化、商品化,把质、量参差不齐的产品变成质、量一致的商品。②为产、供、销各环节提供共同的贸易语言,为优质价提供依据。③为市场规范化、现代化管理提供条件。④促进蔬菜规范化、标准化生产,提高产品质量。

6. 甘蓝蔬菜采收后分级的标准是什么?

等级标准是评定产品质量的准则,是生产者、经营者、消费者之间互相促进、互相监督的客观依据。

我国制定的蔬菜分级标准较多是按外形、新鲜度、颜色、品质、病虫害和机械损伤等综合品质标准分等,每等再按大小或重量分级;有些标准则是兼顾品质标准和大小、重量标准提出分级。

现行结球甘蓝标准于 2002 年颁布实施,结球甘蓝按品质分为一等品、二等品和三等品 3 个等级,每个等级按叶球类型和叶球大小分为 12 种规格。各等级规格要符合表 3 规定。

表 3　甘蓝叶球等级规格

项　　目		等　　级		
		一等品	二等品	三等品
品质要求	品　　种	同一品种	同一品种	同一品种
	结球紧实度	叶球紧实,手压感硬实,叶球底部空隙小	叶球较紧实,手压感硬实,叶球底部空隙较大	叶球较松,手压感不够硬实,叶球底部空隙较大
	整　　修	外短缩茎长度≤2 厘米	外短缩茎长度≤2 厘米	外短缩茎长度≤2 厘米
	色　　泽	正常	正常	正常
	新　　鲜	表面有光泽,不脱水,无皱缩,质地脆嫩	表面有光泽,不脱水,无皱缩,质地较脆嫩	表面稍有光泽,稍有脱水,稍有皱缩,质地较脆嫩
	整齐度(%)	≥85	≥80	≥75
	清　　洁	清洁		
	病虫害	无	不明显	不严重
	机械损伤	无	不明显	不严重
	裂　　球	无	无	不明显
	异　　味	无		
	冷害和冻害	无		
	腐　　烂	无		
	抽薹、烧心	无		

续表 3

项 目		等 级		
		一等品	二等品	三等品
规格（克）	尖头形 特大球	单球质量≥1500		
	大球	800≤单球质量<1500		
	中球	500≤单球质量<800		
	小球	单球质量<500		
	扁圆形 特大球	单球质量≥3000		
	大球	2000≤单球质量<3000		
	中球	1200≤单球质量<2000		
	小球	单球质量<1200		
	圆形 特大球	单球质量≥2000		
	大球	1500≤单球质量<2000		
	中球	700≤单球质量<1500		
	小球	单球质量<700		
限度		每批样品中品质要求总不合格率不应超过 5%，不合格部分应达到二等品标准	每批样品中品质要求总不合格率不应超过 10%，不合格部分应达到三等品标准	每批样品中品质要求总不合格率不应超过 15%

注：病虫害、烧心、冻害为主要缺陷

7. 甘蓝蔬菜采收后分级的方法及设施有哪些？

甘蓝蔬菜分级方法有人工分级和机械分级。国外甘蓝类蔬菜已实现机械分级，国内绝大多数蔬菜产地尚未进行分级。出口蔬菜基地、高科技园区等已开始进行分级，有些基地还使用了分级设备，但绝大部分地区使用简单的工具，按大小或质量人工分级。

甘蓝类蔬菜采后容易产生机械损伤,为此一般在收获的同时进行分级。收获时按照分级标准的要求,将不同等级蔬菜分别放置于相应的包装箱内。在收获的同时进行分级时,一般以目测分级或使用简单的分级设备,这些简单设备主要用于区分大小。

国外蔬菜商品化处理设备有大、中、小3种类型,自动化程度较高的机器可以自动清洗、吹干、分级、称重、装箱,并可以用电脑鉴别产品的颜色、成熟度,剔除受伤和有病虫害的蔬菜。

8. 甘蓝采后处理对包装材料有哪些要求? 如何包装?

蔬菜的包装为蔬菜装卸、运输提供保护,减少搬运过程中因互相摩擦、碰撞、挤压而造成机械损伤,同时也是实施蔬菜商品化的重要表现。

包装材料应具有美观、清洁干燥、卫生、无污染、无异味、无有害化学物质、内壁光滑、美观、重量轻、成本低、便于取材、易于回收处理等特点。常见的有纸箱、塑料箱、竹筐、塑料网、塑料袋等,目前国外较多的是使用纸箱。结球甘蓝较多的是使用塑料网袋和塑料袋。内包装要注意包装蔬菜的透气性。外包装有防水、保湿、防腐的作用。要适宜流通、搬运,防止蔬菜的机械损伤。

蔬菜包装除了应具备上述特点和要求外,根据其本身的特性,还应具备以下特点:①具有足够的机械强度以保护产品,避免在运输、装卸和堆码过程中造成机械伤。②具有一定的通透性,以利于产品在贮运过程中散热和气体交换。③具有一定的防潮性,以防止包装容器吸水变形而造成机械强度降低,导致产品受伤而腐烂。

甘蓝产品的包装箱体上,除了要有一些彩印的图画以外,还要有品名、级别、品种、净含量、生产厂家和商标等主要信息。如果通过国家无公害或绿色食品生产认证的生产基地,还要印有无公害或绿色食品的标志和认证号码。另外,还应注明堆码层数、层高,也可以把编号变为条形码标志便于防伪。

要保持绿色蔬菜采后流通的品质,防止腐败变质,最有效的方法是将采后的蔬菜置于其适宜保鲜的低温环境中"冷链流通",是指蔬菜采收后经过商品化处理,在贮藏、运输、销售及销售后消费者短暂存放的全过程中,保持蔬菜新鲜所要求的温度、湿度和氧气含量。可以说,蔬菜从离开地头的那一刻直到消费者的餐桌前都在冷链中流通。蔬菜在采收以后特别是热天采收以后带有大量田间热,再加上对产品的刺激,呼吸作用很强,释放出大量呼吸热,对蔬菜保持品质十分不利。结球甘蓝属于大路蔬菜,产品价格一般,货架期较长,一般无需专门用冷库或冷风等进行预冷。但包装应在冷凉的条件下进行,避免风吹、日晒和雨淋。包装时应轻拿轻放,装量要适度,防止过满或过少而造成损伤。对于产值较高的抱子甘蓝、羽衣甘蓝等可以事先进行预冷,全过程实现冷链运输。如有必要,包装容器内应填加衬垫物,减少产品的摩擦和碰撞。易失水的产品应在包装容器内加衬塑料薄膜等。

9. 甘蓝贮藏保鲜的原理是什么?

近年来,由于甘蓝栽培面积的逐年增加,产量不断地提高和产品的集中上市,致使经济效益呈现严重下滑趋势。为了提高种植甘蓝的经济效益,根据甘蓝耐贮、耐低温的特点,对甘蓝进行科学保鲜贮藏,错开集中上市期,在淡季上市,可以明显地提高种植效益。结球甘蓝在贮藏中的生命活动及其与周围环境条件的关系主要表现在以下几个方面。

(1)呼吸作用 结球甘蓝在收获后呼吸作用成为新陈代谢的主要方面。呼吸作用不断地分解消耗体内的营养物质,释放出二氧化碳和能量,使环境温度升高。因此,在贮藏过程中,必须随时排放释放的能量,才能保证贮藏场所的温度恒定。植物的呼吸有两种形态,即有氧呼吸和缺氧呼吸,而有氧呼吸又是底物最终被彻底氧化成水和二氧化碳。缺氧呼吸不需从空气中吸收氧,释放的能量很少,为获得同等数量的能量,要消耗远比有氧呼吸多的呼吸底物,其最终产物为乙醛和乙醇等对细胞有毒的物质,因而在贮藏过程中要尽量减少缺氧呼吸的比重。影响呼吸的有以下几个因素。

①品种　甘蓝因品种不同,其呼吸强度呈现出明显的差异。一般来说,晚熟品种的呼吸强度通常比较大,因其参与呼吸作用的氧化系统比较活泼,容易使底物彻底氧化,缺氧呼吸所占比重小;早熟品种则反之。因此,晚熟品种较早熟品种耐贮藏。但早熟的春甘蓝品种过氧化物酶的活性和呼吸强度都较晚熟品种大。

②成熟度　在结球甘蓝生长发育过程中,一般是幼嫩时呼吸作用较强,老熟时呼吸作用较弱。因此,充分成熟的甘蓝比幼嫩的甘蓝耐贮藏。所以,用于贮藏的甘蓝要待充分生长成熟后再采收。

③温度　在一定的温度范围内,温度愈低,甘蓝的呼吸作用愈缓慢,物质的消耗也愈少,贮藏寿命愈长;相反,贮藏的温度愈高,呼吸作用加快,愈不耐贮藏。因此,在贮藏过程中,应当保证在不受冻害的前提下,尽量维持较低的温度,减少营养物质的消耗,以延长贮存时间。结球甘蓝适宜的贮藏温度是 $-0.6℃$。此外,也要注意在贮藏过程中尽量保持低温稳定,如果温度忽高忽低,会刺激甘蓝的呼吸作用,增加营养消耗,将影响贮藏期限。

④空气成分　贮藏甘蓝的环境中空气中氧气多时甘蓝的呼吸作用强,降低氧的浓度后甘蓝的呼吸就会受到抑制。一般要使空气中氧气浓度降至 5% 左右,甘蓝的呼吸强度才会明显降低。空气中二氧化碳多时贮藏甘蓝的呼吸也会受到抑制,比较合适的二氧化碳浓度为 1%～5%。因此,在保持甘蓝正常生命活动的前提下,适当增加空气中二氧化碳的含量,减少氧的含量,可以延长贮

藏时间。

⑤机械损伤和病虫害　结球甘蓝在收获或搬运过程中受到碰伤、挤压或割伤，使内层组织直接与空气接触，加速气体交换，使组织内的氧含量升高，此时组织对创伤会产生防卫反应，各种功能都会调动，从而引起呼吸作用加强，不利于贮藏。因此，在收运贮藏中，要尽可能避免机械损伤。

虫咬、病菌侵害的影响与机械伤害类似。因此在栽培结球甘蓝时要注意防治病虫害，贮藏时要将虫咬和腐烂的结球甘蓝挑出去。

(2)**蒸腾作用**　结球甘蓝的含水量高达 90％以上。但在收获后及在贮藏中其水分因蒸腾作用而不断散失，最后导致枯萎、失去鲜度，使品质大大下降。蒸腾作用可使正常的代谢过程遭到破坏，明显影响甘蓝的贮藏性和抗病性。

结球甘蓝水分蒸发的快慢，与温度、湿度、通风条件有密切的关系。温度越高、湿度越小，水分蒸发越快；反之，水分蒸发减慢。在温度较低、湿度较大的情况下有利于减少水分蒸发，延长贮藏时间。但温度较低、湿度过大，甘蓝表面又会冷凝聚成水滴，极易引起腐烂。因此，在贮藏期间，应当根据甘蓝对温、湿度的要求，掌握好适宜的温度和湿度，既要减少水分蒸发，又要防止腐烂。如果贮藏场所湿度过大，应采取通风措施调节湿度。

10. 甘蓝贮藏保鲜的方法有哪些？具体应怎么做？

(1)**窖藏法**　是利用自然调温的办法以尽量维持所要求的贮藏温度。窖藏的特点是可以自由进出及检查贮存情况，也便于调节窖内的温、湿度，其贮藏效果较稳定，风险性较小。

贮藏窖多采用棚窖，建造时先在地面挖一长方形的坑，窖顶铺设木料、秸秆，并盖土，窖顶开设 1～2 个窖口（天窗），供出入和通风之用。另在墙的基部开设通风洞（气眼），用于换气。根据坑的深浅可分为地下式和半地下式，一般寒冷地区采用地下式，较温暖或地下水位较高的地区采用半地下式。地下式挖土深达 2.5～3 米，半地下式挖土 1～1.5 米。地下部土墙高 1～1.5 米。

贮藏窖可用于晚熟春甘蓝夏季贮藏，也可用于秋甘蓝冬季贮藏。窖藏的甘蓝容易落叶、脱色、叶片返黄以至腐烂。为了在贮藏时减轻和延缓这些现象的发生，凡用作贮存的甘蓝不可有机械和虫害损伤，收获前 2～3 天不要浇水，也不可雨后采收。窖贮甘蓝可在窖内堆成塔形垛，宽约 2 米、高 1 米左右，垛间留出通风道。此法的缺点是贮量少。最好采取架贮，各层架相距 75～100 厘米，架上铺放木板，木板间留有缝隙，每层架上堆放 2～3 层甘蓝，并空出 20 厘米高的空间通风。夏季贮藏，入窖前要将收获后的甘蓝放在凉棚下充分散热，并在茎基部切口处涂一层石灰膏，以防感染软腐病。要加强通风管理，白天关闭窖门，使窖内温度尽可能低一些。夏季窖藏一般可贮存甘蓝 15～20 天。冬季贮藏，要将甘蓝在露地先堆放 1 周左右，使之散失部分水分再入窖。其温度管理大致分为 3 个阶段：第一阶段为入窖初期。此时窖内温度较高，湿度较大，应加强通风换气，以降低窖内的温、湿度。每 4～5 天要倒 1 次菜，帮助散发菜垛内的热量，防止脱帮和腐烂。第二阶段是进入寒冷季节以后气温、窖温显著下降，此时应减少通风，以保温为主，防止发生冻窖，这个阶段基本不用倒菜。第三阶段是翌年立春以后气温、窖温又逐渐回升，此时要尽量减缓窖温回升的速度。一般在白天封闭气眼、天窗，防止外界热空气进入，夜间打开放入冷空气；同时要增加倒菜次数，避免结球甘蓝发热腐烂。其贮藏适温为 0℃～1℃，适宜空气相对湿度为 85%～90%。冬季窖贮甘蓝可达 2～3 个月之久。

（2）埋藏法　埋藏设施是利用田间或空地上的临时性场所，贮藏结束时便可拆除填平，基本上不影响田间耕作。埋藏方法是将结球甘蓝堆放在沟里或坑内达一定的厚度,面上一般只用土覆盖。沟宽 1.6~2 米,沟深视当地气候条件及堆放甘蓝的层数确定。一般沟内堆放两层,下层根向下,上层根向上,面上覆土。京津地区覆土厚度为 20 厘米左右。埋藏法的优点是:甘蓝在稳定的温度环境中不致受冻害,堆内湿度较大因而有利于保持甘蓝的鲜度,减少自然损耗。另外,堆内还有二氧化碳的积累,一定浓度的二氧化碳对抑制甘蓝的呼吸、延长贮藏寿命有良好的作用。其缺点是不便于随时检查。埋藏的时间一般从 11 月份至翌年春天。地温开始升高时,就须结束。

(3)**假植贮藏法** 是将结球甘蓝密集假植在沟或窖内,使其处于极其微弱的生长状态,但仍保持正常的新陈代谢过程。这是一种抑制生长的贮藏法。假植贮藏,可使甘蓝在贮藏期继续从土壤中吸收一些水分和养分,不仅延长了贮期,还改进了产品的品质。假植法贮存结球甘蓝,适用于还未完全包心或包心不够充实的晚熟种。华北地区的贮存方法是:土壤结冻前挖一长方形沟,长、宽依菜的数量而定,一般每沟可假植 4 000 千克甘蓝。采收时应将菜连根拔起,带土在露地堆放 2~3 天,使外叶水分降低一些,在叶片开始有点萎蔫时假植。在沟内将甘蓝一棵紧靠一棵地栽好,然后向沟内灌水,灌水量以水能渗入土层 10 厘米为度,再在植株顶上覆盖甘蓝外叶,过 7~8 天后覆盖 10 厘米左右厚的土;大雪节气前后第二次覆土,厚 12~14 厘米;冬至时进行最后一次覆土,厚 5~6 厘米。3 次共覆土 25 厘米厚。覆土时要力求均匀。覆土太厚,菜会发热引起腐烂;盖得太薄,菜又会受冻。采用这种方法可贮存 3 个月以上,能将晚熟秋甘蓝贮存到翌年春节上市。

(4)**控温贮藏(机械冷藏)法** 这是在冷藏库中凭借机械制冷系统的作用,将库内的热量传送到库外,使库内的温度降低并控制在适当的水平,以延长结球甘蓝的贮藏寿命。其优点是不受外界的影响,冷库内的温度、相对湿度以及空气的流通都可以控制调节,以适于产品的贮藏。其缺点是费用较高。使用控温贮藏法,可将 6 月份大量上市的春甘蓝贮存到 8～9 月份蔬菜淡季供应市场。其具体做法是:用机械制冷法将贮存库温度保持在 0℃～4℃,将采收的结球甘蓝用 0.2% 2,4-D 蘸根,晾干后装入筐内,经预冷后在库房内码成通风垛,可将甘蓝贮存 2 个月以上,其脱水及帮叶损耗仅占 15%。

(5)气调贮藏法 操作管理主要是封闭和调气两部分。封闭是杜绝外界空气对所要求的气体环境的干扰破坏,调气是创造并维持产品所要求的气体组成。气调贮藏的缺点是贮藏库的建筑和设备复杂,成本高。随着气调技术应用研究的发展,已逐步完善了一套适合我国国情的果蔬气调贮藏方法——塑料薄膜气调贮藏法。该法可在常温贮存窖或库内进行,用塑料薄膜做成罩子或袋子,将果蔬密闭在其中,用工业上用的普通氮气或石油液化气燃烧制成的氮气来降低密闭容器内的氧气含量,并在罩内放消石灰吸收二氧化碳,用抽气泵或低压风机排换容器里的气体,每天用气体分析仪测定容器内的氧和二氧化碳的含量,将其调至所要求的指标范围。这样就大大降低了成本。结球甘蓝的气调贮藏一般温度在 3℃～18℃之间,同时氧分压控制在 2%～4%,二氧化碳在 0～3% 比较适宜,在此条件下结球甘蓝可贮存 3～4 个月。

11. 如何评价甘蓝贮藏保鲜的质量?

要实现保鲜,那么什么样的状况才算是新鲜呢?新鲜在保鲜领域中的概念比较广泛,目前国家还未制定统一的标准。但是一般来讲,主要从以下几个方面来概括。

(1)品质 分为内在品质和外在品质两个方面。外在品质方面的技术参数主要有:蔬菜的外观、大小、形状、色泽、风味、质地、气味、营养成分、整齐度等。通过对这些技术参数的判定,来判断果蔬的新鲜程度和品质高低。一般通过直接观察判断。内在品质方面的技术参数有:糖度、矿物质、维生素、风味物质等营养成分含量。一般通过仪器检测判断,如非破坏糖度、酸度测定装置。

(2)**品性** 这方面的参考值为甘蓝蔬菜的耐藏性和抗病性等。

甘蓝蔬菜的品控指标主要有:品种、规格、颜色、成熟度、包装、贮藏及设备。品控指标是出口果蔬重要的价格参考值。

九、安全生产与甘蓝商品性

1. 甘蓝安全生产包括哪几个方面? 为什么说安全生产是保障甘蓝商品性的重要方面?

甘蓝安全生产包括甘蓝对土壤、水系等环境因素的要求;农药、肥料的选用及使用方法;市场对甘蓝产品的安全性要求以及甘蓝农产品安全生产的标准等。

甘蓝蔬菜是蔬菜商品的一种,其基本的使用价值就是满足人们健康方面的某种需求。随着生产的发展和人们对生活水平和对健康认识的提高,消费者对甘蓝蔬菜的质量要求越来越高。农药残留超标将使甘蓝蔬菜产品丧失商品性,可以说甘蓝的安全生产是甘蓝商品性生产的前提,甘蓝的安全生产贯穿甘蓝商品性生产的全过程。

2. 甘蓝安全生产目前可遵循的标准有哪些?

目前我国农产品质量分为无公害、绿色、有机 3 个档次,其中绿色又分为 A 级和 AA 级,在我国 AA 级绿色食品相当于有机蔬菜。

市场上销售的具有一定商品价值的甘蓝最低要达到无公害蔬菜标准,即甘蓝中的农药残留、重金属、硝酸盐等各种污染及有害物质的含量,经测定在国家规定的限量范围内,食用后不足以对人体健康造成危害,可以说是甘蓝蔬菜安全生产的最起码的要求。在无公害甘蓝的基础上,限制农药、化肥的使用数量和次数,生产出的安全、优质、营养类绿色级甘蓝蔬菜,让消费者更加放心,市场销路看好。而按照有机农业生产体系要求,在完全不施用人工合成的农药、肥料、生长调节剂的有机农业生产体系条件下生产的有机甘蓝,很受消费者推崇,但由于生产成本高,目前还不能在生产和消费市场大量推广。

3. 甘蓝安全生产对栽培环境有什么要求?

无公害甘蓝蔬菜对产地环境的要求,要符合中华人民共和国农业行业标准(NY 5010—2001)无公害食品蔬菜产地环境条件,具体分为空气、灌溉水、土壤等。详见表4至表7。

表4　空气质量标准

项　目	浓度限值(日平均)	浓度限值(1 小时平均)
总悬浮颗粒物(标准状态)(毫克/米³)	≤0.30	—
二氧化硫(标准状态)(毫克/米³)	≤0.15	≤0.50
氟化物(标准状态)(微克/米³)	≤1.5	—

注:日平均指任何1日的平均浓度;1 小时平均指任何1 小时的平均浓度

表5　灌溉水质量标准

项　目	浓度限值	项　目	浓度限值
pH 值	5.5～8.5	总铅(毫克/升)	≤0.10
化学需氧量(毫克/升)	≤150	铬(六价)(毫克/升)	≤0.1
总汞(毫克/升)	≤0.001	氰化物(毫克/升)	≤0.5
总镉(毫克/升)	≤0.005	石油类(毫克/升)	≤1.0
总砷(毫克/升)	≤0.05	粪大肠菌群(个/升)	≤10000

表6　土壤环境质量

项　目	含量限值		
	pH 值<6.5	pH 值 6.5～7.5	pH 值>7.5
镉(毫克/千克)	≤0.30	≤0.30	≤0.60
汞(毫克/千克)	≤0.30	≤0.50	≤1.0

续表6

项 目	含量限值		
	pH 值<6.5	pH 值 6.5~7.5	pH 值>7.5
砷（毫克/千克）	≤40	≤30	≤25
铅（毫克/千克）	≤250	≤300	≤350
铬（毫克/千克）	≤150	≤200	≤250

注：以上项目均按元素量计，适用于阳离子交换量>5 厘摩/千克的土壤，若≤5 厘摩/千克，其标准值为表内数值的半数

为了促进生产者增施有机肥，提高土壤肥力，生产 AA 级绿色食品时，转化后的耕地土壤肥力要达到土壤肥力分级 1~2 级指标（表7）。生产 A 级绿色食品时，土壤肥力作为参考指标。

表7 绿色食品产地土壤肥力分级参考指标

项 目	级 别	旱 地	水 田	菜 地	园 地	牧 地
有机质 （克/千克）	Ⅰ	>15	>25	>30	>20	>20
	Ⅱ	10~15	20~25	20~30	15~20	15~20
	Ⅲ	<10	<20	20	<15	<15
全氮 （克/千克）	Ⅰ	>1.0	>1.2	>1.2	>1.0	—
	Ⅱ	0.8~1.0	1.0~1.2	1.0~1.2	0.8~1.0	—
	Ⅲ	<0.8	<1.0	<1.0	<0.8	—
有效磷 （毫克/千克）	Ⅰ	>10	>15	>40	>10	>10
	Ⅱ	5~10	10~15	20~40	5~10	5~10
	Ⅲ	<5	<10	<20	<5	<5
有效钾 （毫克/千克）	Ⅰ	>120	>100	>150	>100	—
	Ⅱ	80~120	50~100	100~150	50~100	—
	Ⅲ	<80	<50	<100	<50	—

续表7

项目	级别	旱地	水田	菜地	园地	牧地
阳离子	I	>20	>20	>20	>20	—
交换量	II	15～20	15～20	15～20	15～20	—
（厘摩/千克）	III	<15	<15	<15	<15	—
质　地	I	轻壤、中壤	中壤、重壤	轻壤	轻壤	沙壤、中壤
	II	沙壤、重壤	沙壤、轻黏土	沙壤、中壤	沙壤、中壤	重壤
	III	沙土、黏土	沙土、黏土	沙土、黏土	沙土、黏土	沙土、黏土

4. 甘蓝安全生产应该大力推广的农业综合防治措施有哪些？

农业防治就是综合运用一系列先进的农业技术措施，有目的定向改变某些环境条件，创造有利于农作物生长发育和有益生物的生存繁殖，而不利于害虫发生的环境条件，从而直接或间接消灭或抑制害虫的发生和为害，达到保证作物丰产的目的，称为农业防治。甘蓝安全生产应该大力推广农业防治，主要措施有以下几点。

(1)开垦荒地，兴修水利　这些措施往往影响农田生态系的改变，引起害虫种类、数量发生深刻的变化，减少或消除害虫的孳生基地。

(2)因地制宜选用抗（耐）病优良品种　选用优良的甘蓝品种，是甘蓝蔬菜商品性生产的基础。种子的质量好，品种的抗病性、抗逆性强，不但可以丰产、提高蔬菜的质量，而且可以减少农药的使用量。应针对当地主要病害控制对象，选用多抗的优质高产品种。

(3)栽培管理措施　一是保护地蔬菜实行轮作倒茬，如室棚蔬菜种植2年后在夏季种一季大葱也有很好的防病效果。二是清洁田园，彻底消除病株残体、病果和杂草，集中销毁深埋，切断传播途径。三是采取地膜覆盖,膜下灌水,降低大棚湿度。四是实行配方施肥,增施腐熟好的有机肥,配合施用磷肥,控制氮肥的施用量,生长后期可使用硝态氮抑制剂双氰胺,防止蔬菜中硝酸盐的积累和污染。五是在棚室通风口设置细纱网,以防白粉虱、蚜虫等害虫的入侵。六是采用深耕改土、垄土法等改进栽培措施。对地下害虫或以作物遗株越冬的害虫有直接杀伤力,或使害虫翻出土面被捕食或捕杀。

(4)培育无病虫害壮苗 播前种子进行消毒处理:防治霜霉病用 75% 百菌清可湿性粉利按种子重量的 0.4% 拌种,或用 25% 甲霜灵可湿性粉剂按种子重量的 0.3% 拌种;防治软腐病用菜丰宁或专用种衣剂拌种。

农业防治措施与作物增产技术措施是一致的,它主要是通过改变生态条件达到控制害虫的目的,不需要增加额外的经济负担即可达到控制多种病虫害的目的,花钱少、收效大、作用时间长、不伤害天敌,又能使农作物达到高产优质的目的。因此,农业防治是贯彻"预防为主"的经济、安全、有效的根本措施,它在整个病虫害防治中占有十分重要的地位,是害虫综合防治的基础。

5. 甘蓝安全生产应该大力推广的物理综合防虫措施有哪些?

主要是利用物理因子和机械作用对害虫的生长、发育、繁殖等进行干扰,减轻或避免其对作物的为害。物理机械包括温度、光照、机械、人工去除等。

(1)温度 不同生物有不同的生长适温,通过自然或人为创造的温度条件,使之不利于害虫的发生为害,从而达到防治目的。

(2)光照 主要用于防虫,它是利用某些昆虫对光谱的趋性或负趋性,诱杀或驱避害虫。例如灯光诱虫、银膜避蚜等。

(3)机械 主要利用防虫网或遮阳网对蔬菜进行覆盖栽培,阻隔有害生物的侵入,并可对作物起防寒、防高温、防强光的作用,以利于作物生长。

(4)人工去除 主要是人工摘虫,人工清理病残体等。

6. 甘蓝安全生产对病虫害防治的原则是什么?

甘蓝病虫害分为非侵染性病害(生理病害)、侵染性病害及虫害。对于非侵染性病害,其主要是由不良环境条件引起的。因此,防治的原则就是消除不良环境条件,或增强甘蓝蔬菜对不良环境条件的抵抗能力。

对于侵染性病害及虫害,要贯彻"预防为主、综合防治"的植保方针,通过选用抗性品种,培育壮苗,加强栽培管理,科学施肥,改善和优化菜田生态系统,创造一个有利于甘蓝生长发育的环境条件;优先采用农业防治、物理防治、生物防治,保护和利用自然天敌,发挥生物因子的控制潜能;配合科学合理地使用化学防治,选用低毒、低残留农药防治病虫害,不使用国家明令禁止的高毒、高残留、高生物富集性、高三致(致畸、致癌、致突变)农药及其混配农药。将甘蓝有害生物的灾害控制在允许的经济阈值以下,同时农药残留不超标,达到生产安全、优质的甘蓝产品的目的。

7. 甘蓝安全生产怎样使用农药?

春季栽培的,一般病害很少。虫害有蚜虫、菜青虫等,应及时用抗蚜威、虫螨腈、Bt 等高效低毒、低残留农药防治。夏、秋季栽培的,以预防为主,及时除草,综合防治。甘蓝生长期间应做好各阶段病虫的预测预报工作。注意观察小菜蛾、菜青虫、菜蚜、菜螟、甜菜夜蛾、斜纹夜蛾、猿叶虫、黄条跳甲、黑腐病、病毒病、菌核病、霜霉病等的发生情况,应及时使用高效低毒、低残留农药防治,并交替使用,严格遵守安全间隔期规定。同时积极采用物理和生物防治技术,如频振式杀虫灯、彩色黏虫板、防虫网等。必须使用农药时,应符合 DB 31/T 258.2 中 3.3 的规定;同时药剂防治须按表8 规定选用,并按出口国要求选择农药。

表8 可选用农药及使用剂量与方法

农药名称（商品名称）	667 平方米使用剂量及稀释倍数	使用方法	防治对象	使用次数	安全间隔期（天）
苜蓿银纹夜蛾核型多角体病毒（奥绿一号）	悬浮剂 80～100 毫升,750～1000 倍	喷雾	菜青虫、菜螟、甜菜夜蛾、斜纹夜蛾	1	10
辛硫磷	40％乳油 0.2～0.3 千克,500～600 倍	毒土	地下害虫	1	
苏云金杆菌（Bt）	无限制	喷雾	菜青虫、菜螟、甜菜夜蛾、小菜蛾、斜纹夜蛾	无限制	
敌百虫	80％晶体或粉剂 80～100 克,800～1000 倍	喷雾或毒土	菜粉蝶、小菜蛾、甘蓝夜蛾、地下害虫	1	10
虫螨腈（除尽）	10％悬浮剂 40 毫升,2500～3000 倍	喷雾	菜青虫、菜螟、甜菜夜蛾、斜纹夜蛾	2	15
茚虫威（安打）	15％悬浮剂 3500～4000 倍	喷雾	菜青虫、菜螟、甜菜夜蛾、小菜蛾	3	3
吡虫啉	10％可湿性粉剂 10～15 克,800～1000 倍	喷雾	菜蚜	2	7
多杀霉素（菜喜）	2.5％悬浮剂 40～60 毫升,1000～1500 倍	喷雾	菜青虫、菜螟、甜菜夜蛾、小菜蛾、斜纹夜蛾	1	15
甲氧虫酰肼（美满）	24％悬浮剂,2000～3000 倍	喷雾	菜青虫、菜螟、甜菜夜蛾、小菜蛾、斜纹夜蛾	3	15
多抗霉素	10％粉剂,1000 倍	喷雾	立枯病、黑茎病、枯萎病等	1～2	15

续表8

农药名称 （商品名称）	667平方米使用 剂量及稀释倍数	使用方法	防治对象	使用 次数	安全间 隔期 （天）
恶霉灵	15%水剂，250～300 倍	土壤处 理或喷雾	猝倒病、立枯病、 枯萎病等苗期病害	1	15
苯醚甲环 唑（世高）	10%水分散性颗粒剂 40克，1500倍	喷雾	霜霉病	1	5
甲霜灵（雷 多米尔）	58%可湿性粉剂100 克，600倍	喷雾	霜霉病、立枯病	1	15
腐霉利（速 克灵）	50%可湿性粉剂40～ 50克，1300～1500倍	喷雾	霜霉病、立枯病	1	5
大蒜素	无限制	喷雾	黑腐病	无限制	
噁酮·霜 脲氰（抑快 净）	52.5%可分散颗粒剂 25～35克，1500～2000 倍	喷雾	霜霉病、疫病等	3～4	10

　　绿色食品（A级）级甘蓝蔬菜的生产中对农药使用的规定：①允许使用中毒以下植物源农药、动物源农药和微生物源农药，矿物源中允许使用硫制剂、铜制剂。②可以有限度地使用部分有机农药，即可以使用"农药使用准则"中规定的低毒及中毒的农药。严禁使用剧毒、高毒、高残留或具有三致（致癌、致畸、致突变）毒性的农药，贯彻每种有机合成农药在一种作物生长期内只使用1次的要求，并严格控制农药的使用量与安全间隔期，使有机合成农药在农产品中的最终残留量符合规定的标准。③严禁使用高毒农药防治贮藏期蔬菜的病虫害。④严禁使用基因工程品种（产品）及制剂。

　　为了确保农药的使用安全，农业部有关部门还对化学农药制定了合理的使用标准，将在蔬菜上允许的使用限次、最高残留量和安全间隔期做了规定。

8. 甘蓝安全生产禁用哪些剧毒高残留农药?

甘蓝蔬菜的安全生产要严格执行国家有关规定,禁止使用高毒、高残留农药品种,主要有甲拌磷、治螟磷、对硫磷、甲基对硫磷、内吸磷(1059)、杀螟威、久效磷、磷胺、甲胺磷、异丙磷、三硫磷、氧化乐果、磷化锌、磷化铝、甲基硫环磷、甲基异柳磷、氰化物、克百威、氟乙酰胺、砒霜、杀虫脒、西力生、赛力散、溃疡净、氯化苦、五氯酚、二溴氯丙烷、401、六六六、滴滴涕、氯丹及其他高毒、高残留农药。

9. 怎样建立甘蓝安全生产的全程质量控制规程?

安全优质蔬菜生产必须有一套科学而严格的管理制度,以确保每个环节都按照制定的技术规程来进行。要建立以单位或基地负责人为首的,由技术负责人、质量检验员、田间档案记录员等参加的生产质量检查工作班子,并有明确的分工,做到职责明确,分头把关。

10. 甘蓝安全生产的施肥原则是什么?

根据结球甘蓝需肥规律、土壤养分状况和肥料效应,通过土壤测试,确定相应的施肥量和施肥方法,按照有机与无机相结合、基肥与追肥相结合的原则,实行平衡施肥。适当补充中量、微量元素。具体原则如下:①以符合 DB 13/311 标准和不造成土壤环境污染为原则。所选用的肥料须达到国家有关产品质量标准。不使用工业废弃物、城市垃圾和污泥。不使用未经发酵腐熟、未达到无害化指标的人、畜粪尿等有机肥,预防蔬菜受有害生物的污染。②以有机肥为主,化肥为辅,有机氮与无机氮之比不低于 1:1。③以土壤养分测定分析结果和甘蓝蔬菜作物需肥规律为基础确定肥料施用量;最高无机氮素养分施用限量为 15 千克/667 平方米,中等肥力是指土壤中含碱解氮(N)80～100 毫克/千克,有效磷(P_2O_5)60～80 毫克/千克,速效钾(K_2O)100～150 毫克/千克以上土壤磷、钾肥施用量以维持土壤养分平衡为准;在高肥力土壤有效磷在 80 毫克/千克、速效钾在 180 毫克/千克以上时,当季不施无机磷、钾肥。④不得施用硝态氮肥。⑤根据甘蓝蔬菜生长发育的营养特点和土壤、植株营养诊断进行追肥。选择适宜的追肥肥料类型、用量和追肥时期。甘蓝类蔬菜收获前 20 天内不得追施氮肥。⑥采用人、畜、禽粪尿和秸秆、杂草、泥炭等制作堆肥,必须高温发酵,达到表 9 规定的无害化卫生标准。

表 9　有机肥卫生标准

项　目		卫生标准及要求
高温堆肥	堆肥温度	最高堆温达 50℃～55℃,持续 5～7 天
	蛔虫卵死亡率	95%～100%
	粪大肠菌值	10^{-1}～10^{-2}
	苍　蝇	有效地控制苍蝇孳生,肥堆周围没有活的蛆、蛹或新羽化的成蝇
沼气发酵肥	密封贮存期	30 天以上
	高温沼气发酵温度	53℃±2℃ 持续 2 天
	寄主虫卵沉降率	95% 以上
	血吸虫卵和钩虫卵	在使用粪液中不得检出活的血吸虫和钩虫卵
	粪大肠菌值	普通沼气发酵 10^{-4},高温沼气发酵 10^{-1}～10^{-2}
	蚊子、苍蝇	有效地控制蚊、蝇孳生,粪液中无孑孓。池的周围无活的蛆蛹或新羽化的成蝇
	沼气池残渣	经无害化处理后方可用作农肥

11. 甘蓝安全生产平衡（配方）施肥确定施肥量的方法是什么？

施肥技术一般包括肥料种类、施肥数量、养分配比、施肥时期、施肥方法以及施肥位置等 6 项内容。

每项内容均与施肥效果有关，因此施肥效果是施肥技术的总体反应。值得注意的是，在各项施肥技术中，施肥量是合理施肥的核心。如果施肥量确定不合理，其他各项技术就没有意义了。为此，用可行的方法确定施肥量，是解决上述问题的关键，对蔬菜生产尤为重要。

施肥量的确定是一个复杂问题，它涉及甘蓝品种、产量水平、土壤肥力状况、肥料种类、施肥时期以及气候条件等因素。

目前国内外确定施肥量最常用的方法就是目标产量法。该方法是以实现作物目标产量所需养分量与土壤供应养分量的差额作为确定施肥量的依据，以达到养分收支平衡。目标产量法又称养分平衡法，其计算公式如下：

$$F=(Y\times C)-S/N\times E$$

式中：F——施肥量（千克/公顷）；

Y——目标产量（千克/公顷）；

C——产量的养分吸收量（千克）；

S——土壤供应养分量（千克/公顷）＝土壤养分测定值×2.25（换算系数）×土壤养分利用系数；

N——所施肥料中的养分含量（%）；

E——肥料当季利用率（%）。

根据甘蓝的生育特性、土壤供肥能力和肥料增产效益，在合理增施有机肥的基础上提出适宜的化肥用量和比例。甘蓝蔬菜每1 000 千克商品菜所需养分数量为氮（N）2.99 千克，磷（P_2O_5）

0.99千克,钾(K_2O)2.23千克。各种肥料中3要素的含量见表10。

表10　各种肥料中3要素的含量　（单位:%）

种　类	N	P_2O_5	K_2O	种　类	N	P_2O_5	K_2O
人粪尿	0.65	0.3	0.25	菜籽饼	4.98	2.65	0.97
人　尿	0.5	0.13	0.19	黄豆饼	6.3	0.92	0.12
人　粪	1.04	0.5	0.37	棉籽饼	4.1	2.5	0.9
猪粪尿	0.48	0.27	0.43	芝麻饼	6.0	0.64	1.2
猪　粪	0.6	0.4	0.14	花生饼	6.39	1.1	1.9
猪厩肥	0.45	0.21	0.52	玉米秸	0.48	0.38	0.64
牛粪尿	0.29	0.17	0.1	小麦秸	0.48	0.22	0.63
牛　粪	0.32	0.21	0.52	稻　草	0.63	0.11	0.85
牛厩肥	0.38	0.18	0.45	泥　炭	1.8	0.15	0.26
羊粪尿	0.8	0.05	0.45	玉米秸堆肥	1.72	1.1	1.16
羊　粪	0.65	0.47	0.23	麦秸堆肥	0.88	0.72	1.32
鸡　粪	1.63	1.54	0.85	尿　素	46	—	—
鸭　粪	1	1.4	0.6	硫酸铵	21	—	—
鹅　粪	0.6	0.5	1	过磷酸钙	—	12～18	—
草木灰	—	2	4	磷酸一铵	9～11	50	—
硫酸钾	—	—	45～50	磷酸二铵	14	40	—

12. 生产绿色安全甘蓝蔬菜的技术对策是什么?

　　优质蔬菜的品质一般包括3个方面,即营养品质、卫生品质和商品品质。它们不仅是综合评价蔬菜品质的重要依据,也是蔬菜商品价值的体现。

　　随着人们生活水平的提高,对蔬菜品质的要求越来越高,生产绿色蔬菜势在必行。生产绿色蔬菜的施肥对策主要有以下几点。

(1)减少商品菜中硝酸盐含量　硝酸盐在还原条件下可形成亚硝酸,并与胺结合形成亚硝胺。亚硝胺是致癌性强的有机化合物,诱癌时间随日摄入量的增加而缩短。所以,蔬菜中硝酸盐含量的高低与人体健康密切相关。

不同蔬菜体内硝酸盐含量有高有低,这是蔬菜生物学特性决定的,一般难以改变。但是减少商品菜中硝酸盐含量、预防硝酸盐含量超标则是可能的。目前常采取以下有效对策。

①经济合理使用氮肥　实践证明,合理施肥是改善蔬菜品质的重要途径,过量使用氮肥是导致蔬菜硝酸盐含量超标、品质下降的重要原因。为了保证蔬菜的卫生品质,实际生产中主要采取以下两种措施:一是控制氮肥用量,二是对某些因操作不当造成蔬菜硝酸盐污染问题的含氮肥料品种进行限制。

对于蔬菜生产氮肥用量的控制,有研究指出,每公顷 300 千克氮为其用量的临界值。如果超出此量,蔬菜中硝酸盐的累积就有超标污染的可能性。甘蓝露地的氮肥的参考施肥量是每公顷 240 千克。

②推广平衡(配方)施肥技术　实施氮、磷、钾平衡施肥是提高蔬菜产量、降低蔬菜硝酸盐含量的有效措施之一。一般北方菜园土壤具有"氮多、磷丰、钾不足"的特点,应推广"控氮、稳磷、补钾"的施肥模式,不仅对增产有利,而且对降低蔬菜体内硝酸盐含量和改善品质有积极的意义。

过量施用氮肥固然会使蔬菜硝酸盐含量超标,但是土壤缺磷也会间接促使硝酸盐在蔬菜体内累积,这是因为碳水化合物的运输需要磷,缺磷使碳水化合物运输受阻,导致蛋白质合成减少,而增施磷肥则能降低蔬菜体内硝酸盐含量。此外,增施钾肥能促进蛋白质合成,具有减少蔬菜体内硝酸盐含量的作用,这也是提高蔬菜品质的重要措施。

此外,有研究表明,化学氮肥与有机肥配合施用能有效控制和降低蔬菜中硝酸盐的累积。在 AA 级绿色蔬菜生产中,由于禁止了化肥的施用,因此磷、钾、氮的平衡主要靠选择合理的有机肥品种来实现,选择含磷、钾丰富与氮素含量相对较少的有机肥品种可能是减少蔬菜硝酸盐污染的重要措施;对于 A 级绿色蔬菜的生产而言,则除了采用符合生产标准规定的含磷、钾丰富的有机肥外,还可选择一些无机肥料。

③严格执行氮肥施用安全间隔期　有研究认为,追施氮肥后8 天为蔬菜上市的安全期。

④叶面喷施多元微肥　合理施用微肥有两种方式:一种是在土壤中施用如硫酸锌、硫酸锰、硫酸铜和硼砂等固体微肥,另一种是叶面喷施液体微肥。实践证明,叶面喷施微肥比土壤施用固体微肥效果更好。

(2)防止重金属对蔬菜产品的污染　蔬菜的卫生品质以硝酸盐、重金属积累和农药残留为主。蔬菜产品中重金属元素的含量超标对人体健康是不利的,所以重金属的积累也是蔬菜卫生品质的重要内容之一。

防止土壤重金属的污染,其有效措施有:①禁用未经处理的工业污水灌溉菜田。②污泥不宜直接施用。污泥虽是土壤改良剂和肥料,但由于一般含有较高量的重金属,如果施用不当,其中的有毒成分和重金属就会在土壤中积累,当达到一定数量时,就会危害农作物或通过食物链危害人体健康。为了保证商品菜的卫生品质,不宜直接使用污泥,而应事先经过必要的处理。处理污泥的方法主要有消化处理和高温发酵法等。③在绿色蔬菜生产中,必须注意因施肥而造成的蔬菜产品重金属含量过高的问题。这是因为不论是有机肥还是化肥(主要是磷肥以及含磷的复合肥),其中都含有一定数量的重金属。其施用必然会或多或少增加土壤重金属含量。因此在选择肥料时,除了严格按照绿色食品生产《肥料使用准则》所规定的肥料品种选择外,还必须考虑肥料的来源以及肥料本身的重金属含量。尤其要注意那些《肥料使用准则》允许施用但可能因来源不同而含有较高重金属含量的有机肥以及含镉量高的磷肥及含磷复合肥。

(3)预防商品菜的生物污染　我国菜农(尤其南方菜农)素有利用人粪尿加水制成粪稀(也称为水粪)作追肥的习惯。其好处是充分利用当地肥源,但若处理不当也会造成不同程度的生物污染(如病菌、寄生虫卵沾在商品菜上)。既不卫生,也对人体健康有害。为了预防商品菜的生物污染,通常采用以下措施。

①**人粪尿需经无害化处理**　粪便中常含有各种肠道致病菌、寄生虫和病毒等病原体,如果不经处理就直接施用,就会扩大疾病传染,所以需要对粪便进行无害化处理。其方法有:一是高温堆肥处理。利用微生物活动产生的高温达到杀灭粪便中的病菌、病毒和寄生虫卵的目的。二是人粪尿嫌气发酵。人粪尿在密闭的条件下发酵所造成的嫌气环境和产生的大量氨都不利于粪便中病菌和虫卵的生存。三是药物处理。一般可采用加敌百虫、氨水或石灰氮等化学药物进行处理。

②**禽畜粪便需经堆肥化处理**　处理禽畜粪便的有效方法是将禽畜粪便、作物秸秆、菜田清除出的蔬菜残体等有机固体废物进行堆肥处理。

综上所述,生产绿色安全蔬菜的技术对策是多方面的,其中控制氮肥用量、平衡施肥、严格执行氮肥施用安全间隔期等都是减少蔬菜体内硝酸盐含量、预防其超标的有效措施。此外,防止蔬菜产品重金属元素含量超标和预防生物污染,对生产绿色安全蔬菜同样不可忽视。

十、标准化生产与甘蓝商品性

1. 甘蓝标准化生产的特点是什么？

甘蓝标准化生产主要是指甘蓝标准化生产技术，就是运用"统一、简化、协调、优化"的原则，对甘蓝生产的产前、产中和产后整个过程所制定的标准化生产活动标准，保证甘蓝蔬菜的质量和安全，促进流通，规范农产品的市场秩序，指导生产，从而取得经济、社会和生态的最佳效益。

特点有 4 点：一是标准化对象甘蓝蔬菜是有生命的。农业技术总是在不易控制的自然环境下，通过动植物的生命过程来实现的。农业生产条件如土壤、气温、降水、日照等都是不同的，同一种作物在不同的生产条件下产生的结果也是不同的。二是标准化的地区性。甘蓝蔬菜因产地不同，其品质也会有很大差异，同样的农业技术在不同的地区效果也不一样。三是标准化的复杂性。表现为制定标准的周期长，所要考虑的相关因素较多。四是文字标准和实物标准共存。文字标准来源于实践，是客观事务的文字表达，但比较抽象，会由于人们的不同理解或不同认知而产生不同的结果。如对颜色的识别，如果和实物相对照，标准就很明确了。

目前生产上可以参考使用的标准有无公害食品结球甘蓝生产技术规程和绿色食品结球甘蓝生产操作规程。

2. 发展甘蓝标准化生产的意义是什么？

甘蓝标准化生产，是指在甘蓝生产过程中的产地环境、生产过程和产品质量符合国家或行业的相关标准，产品经质量监督检验机构检测合格，通过有关部门认证的过程。

在甘蓝标准化生产过程中,从产地选择、栽培品种的确定、育苗定植、栽培管理、产品采收和质量检测,一直到产品的包装、贮藏、加工和运输的全过程都必须按照特定的技术标准,生产出优质的绿色无公害的产品。

甘蓝蔬菜栽培技术并不是非常复杂,加工空间大,适合大规模标准化种植。发展标准化生产有着重要意义:可以让农户按照标准化生产技术优化当地的种植环境,选取适合当地的优良品种,按照要求选取规定的化肥、农药,减少不必要的农业成本支出,进行标准化作业。通过控制甘蓝蔬菜生产的全过程,实施标准化种植,能够提高甘蓝蔬菜的商品性,生产出品质好、安全的甘蓝蔬菜,满足生产者和消费者的需要。产品标准化加工、包装等,得到类似工业品的农产品,这样更容易使产品和市场接轨、使农业与商业结合,实现农业效益的最大化。

3. 标准化的生产管理为什么能提高甘蓝的商品性?

标准化生产是提高甘蓝商品性、增强甘蓝蔬菜产品市场竞争力、进入国际市场的必然选择。要提高商品性和扩大出口,必须推行甘蓝蔬菜标准化生产,使产品质量与结构同国际生产标准和市场接轨,生产出优质、商品性好的产品,具有国际市场竞争力的产品,从而提高甘蓝经济效益。产品的质量是甘蓝蔬菜生产的核心,其产品的优劣直接关系到消费者喜爱程度。而甘蓝生产具有很强的区域性和季节性,不同的生产环境、不同的栽培管理措施都将会对甘蓝蔬菜产品质量产生很大的影响。若没有相应的技术标准来规范生产过程,或者生产者完全凭借自己的陈旧观念来进行生产,产品质量难以满足市场的需要。通过实施标准化生产,结合当地气候、土壤等生产环境,制定出科学合理的标准体系,从种子肥料购进、育苗、肥水管理、病虫害防治、采收到采后处理执行严格标准,使蔬菜产品具有"绿色和有机通行证",从而提高了甘蓝生产水平和产品质量。

甘蓝生产作为一项技术性要求很高的工作,科研单位起到的作用不容忽视。从优良品种选择、播种育苗、平衡施肥、病虫害综合防治、采后处理等每一项技术进步都带动甘蓝生产水平上一个新台阶。标准体系的制定遵循"简化、统一、协调、选优"原则,不但强调其科学性和合理性,也注重其可操作性,与生产紧密相连,而不只是停留在科研层面。先进科研成果、经验和技术通过标准的形式加以规定,从生产、管理到销售,使整个过程规范化、标准化、程序化。通过建立综合标准体系,实施全过程质量控制,将先进适用的农业科技成果转化为简单易学的技术标准,进行普及推广,提高农民整体技术水平,节约成本。推行甘蓝标准化生产,是实现现代农业的有效手段。用先进的技术、科学的管理和严格的标准来规范甘蓝的生产活动,使生产出的甘蓝产品质量能够广泛适应国内外市场的需求,从而实现甘蓝产品的优质化和获得更高的经济效益。

4. 甘蓝标准化生产体系包括哪几个方面?

农业标准化体系重点要建立 6 大体系。一是农产品质量标准体系。包括对农产品类别、质量要求、包装、运输、贮运等所做的技术规定。二是建立农产品质量检测体系。只有按照标准规程操作,掌握检测方法,才能准确评价农产品的质量。三是建立农产品质量认证体系。质量认证又称合格评定,是指由第三方对产品、过程或服务的满足规定要求给出的书面保证的程序。四是建立农产品质量技术推广体系。这一体系由各级生产技术推广部门组成。主要职责就是根据各类农产品的生产环境标准、生产技术操作规程、安全卫生质量标准等指导生产者生产出符合标准的农产品;开展对生产者的教育培训,不断提高生产者的标准概念和质量意识。

每个推广机构都要挂钩、指导一批农业标准化生产基地,以点带面,向广大生产单位和农户示范推广,提供技术支持。五是建立农产品质量安全执法监督体系。具体来说,农业标准化主要包括两部分内容,即要有切合实际的农产品标准,要有与之相配套的检测管理体系,两者相辅相成,缺一不可。六是建立农业标准化信息服务体系,这是实施农业标准化的支撑。通过信息网络一方面可以使生产者和消费者了解到农产品市场需求和产品特性;另一方面又可通过网络发布标准、解释和普及标准,给生产者提供按照标准化作业的重要操作规程和要点,促进标准化的实施。

5. 甘蓝种子良种繁育有什么特点? 保证甘蓝种子繁育质量应做好哪几方面的工作?

(1)甘蓝种子良种繁育特点

①异花授粉作物 甘蓝属于典型的异花授粉作物,在自然条件下,授粉靠昆虫作媒介,自然杂交率可达 70% 左右。因此,良种繁育需要严格隔离,防止生物学混杂。

②病虫害严重 甘蓝蔬菜病虫害比较严重,不仅造成如轮作、药剂防治等栽培管理的困难,而且常常使制种产量不稳定,影响制种计划。

③生长周期长 甘蓝蔬菜属于 2 年生作物,当年无法采收到种子,生长周期长,一方面使制种成本增加,另一方面增加了自然灾害影响产量的机会。

④品种更新换代快,种子用途单一,种子成本高 甘蓝种子只能作为种用,无其他用途。如繁殖过少,影响良种推广速度;如繁殖过多,造成种子报废,这就要求要制定合理制种计划。

(2)保证甘蓝良种繁育质量
①建立健全蔬菜良种繁育制度,实现甘蓝种子生产专业化,按种子生产程序繁种。②准确掌握种子信息,制定合理制种计划。③建立种子生产基地,培养专业人

才。④认真执行种子工作的各项规程,防止机械混杂和生物学混杂,连续定向选择,以保持原品种的典型性和纯度。⑤改进采种制种技术,提高繁殖系数,以增加种子产量和提高种子质量。⑥建立种子加工贮藏、检验制度,改进加工、贮藏、检验技术以保证种子采后质量。

6. 甘蓝种子繁育标准化包括哪几个方面?

种子标准化工作是提高种子质量、防止良种退化的重要手段,是促进农业高产稳产的有效途径。实践证明,种子标准化工作对农业的高产稳产有重要作用。其内容包括以下几个方面。

(1)农作物品种标准化 每个甘蓝蔬菜优良品种都具有一定的遗传特性,即生物学特性和形态特征以及经济性状,加之目前新品种日益增多,因此对每个品种特征特性和栽培要点作出明确的叙述和技术规定是非常重要的,它对品种布局、种子生产、品种鉴定(检验)、田间管理(提纯除杂)等是可靠的依据。特征特性有时是随着环境条件的变化而有一定变化,但其质量性状不应有较大的变化,所以品种标准是非常重要的。其具体内容大致包括:品种来源和类别、生产性能、植物学特征、经济性状、抗逆性以及栽培技术要点等。

(2)农作物原(良)种生产技术规程 植物的遗传性和变异性是相对统一的,遗传是相对的,变异是绝对的。一个农作物优良品种推广后经几代种植就会出现退化变劣的现象,而生产上需要不断供应蔬菜优良品种的优良种子。因此根据不同品种对外界环境条件的不同要求和不同的繁殖系数等,制定出不同的原(良)种生产技术(操作)规程。只有符合规程所生产出的种子,其质量才有保证。因此,这是克服优良品种退化变劣、提高种子质量的有效措施。

(3)种子质量分级标准 种子标准化的最终目的是使生产上

能获得优质种子,而种子质量分级标准是衡量种子优劣的依据。因此,它是种子标准化的最重要和最基本的内容。种子质量分级标准是种子管理部门用来衡量和考核原(良)种生产、良种提纯复壮、种子经营和贮藏工作的标准,又是贯彻按质论价执行优势优价政策的依据。种子质量分级标准是依据纯度、净度、发芽率、水分4 项指标(特殊作物另加病虫、杂草指标)制定的。甘蓝蔬菜现已颁布中华人民共和国国家标准(表 11)。

表 11 甘蓝蔬菜国家标准 （％）

作 物	级 别	品种纯度 不低于	种子净度 不低于	种子发芽率 不低于	种子含水量 不高于
结球甘蓝	原 种	99	99	95	—
	一级良种	96	99	95	8
	二级良种	93	98	90	—
	三级良种	87	97	85	—

(4)种子检验规程　种子质量的好坏,也就是是否符合规定的标准,必须通过质量检验才能得出结论。而种子检验的结果与检验方法关系极为密切。不同的检验方法其结果往往不同,这就影响结果的正确性。要获得普遍一致的正确结果,即需制定一个统一的科学的种子检验方法——技术规程。现已颁布了中华人民共和国标准。

(5)种子包装、运输、贮藏标准　种子在交换过程中需要包装、运输和贮藏,同时种子收货后到播种前也必须有个贮藏阶段,在这一阶段中也需要包装和运输。因此,在包装、运输和贮藏过程中往往由于某一方面的疏忽而降低种子质量或失去种用价值,所以制定种子包装、运输及贮藏标准是保证种子质量的重要环节。农牧渔业部已于 1982 年 8 月颁布"农作物良种仓储管理暂行办法"。

通过种子标准化工作的开展,可使种子混杂退化和质量下降的问题从根本上得到解决,从而使种子工作达到一个新的水平。

7. 甘蓝标准化生产管理应从哪几个方面进行规范?

甘蓝蔬菜生产管理要求从 4 个方面进行规范:一是产前对环境进行检测和制定病虫害防疫规范。因为农业生产与环境息息相关,优质的产品是在优良的环境下生长的,污染的环境必然污染农作物。疫病的传播与流行不仅影响甘蓝的生长发育,而且影响其质量,破坏环境。二是对生产资料进行规范。农业生产资料是农业生产的重要物资基础之一。优质的农用生产资料不仅能使甘蓝增加产量,而且能够保证其质量,对周围生长环境也有益。因此农用生产资料的供应和购买,必须依据《农药管理条例》、《肥料管理条例》、《农药限制使用管理规定》等国家和地方的法规和条例。三是对种植管理程序进行规范。制定标准化生产技术,规范每项田间管理方法,便于农业技术推广。四是对病虫害防治进行规范。及时准确地选择、合理施用农药。

甘蓝标准化生产技术	9.00 元	花椰菜标准化生产技术	8.00 元
甘蓝(包菜、圆白菜)栽培技术	2.40 元	白菜甘蓝花椰菜高效栽培教材	4.00 元
甘蓝栽培技术(修订版)	9.00 元	红菜薹优质高产栽培技术	9.00 元
甘蓝类蔬菜良种引种指导	9.00 元	菜豆高产栽培	2.90 元
甘蓝类蔬菜周年生产技术	8.00 元	菜豆豇豆荷兰豆无公害高效栽培	8.50 元
南方甘蓝类蔬菜反季节栽培	6.50 元	大白菜菜薹无公害高效栽培	6.50 元
怎样提高甘蓝花椰菜种植效益	9.00 元	芹菜芫荽无公害高效栽培	8.50 元
结球甘蓝花椰菜青花菜栽培技术	5.00 元	芹菜优质高产栽培(第 2 版)	11.00 元
甘蓝花椰菜保护地栽培	6.00 元	芹菜保护地栽培	5.50 元
甘蓝花椰菜无公害高效栽培	9.00 元	水生蔬菜栽培	3.80 元
		水生蔬菜病虫害防治	3.50 元
绿菜花高效栽培技术	4.00 元	莲菱芡莼栽培与利用	9.00 元
白菜类蔬菜良种引种指导	15.00 元	莲藕无公害高效栽培技术问答	11.00 元
白菜甘蓝类蔬菜制种技术	6.50 元	莲藕栽培与藕田套养技术	16.00 元
白菜甘蓝病虫害防治新技术	3.70 元	菠菜莴苣高产栽培	2.40 元
		莴苣菠菜无公害高效栽培	10.00 元
白菜甘蓝萝卜类蔬菜病虫害诊断与防治原色图谱	23.00 元	菠菜栽培技术	4.50 元
		莴苣栽培技术	3.40 元
花椰菜丰产栽培	2.00 元	韭菜高效益栽培技术	5.80 元
		韭菜保护地栽培	4.00 元

韭菜标准化生产技术	9.00元	马铃薯淀粉生产技术	10.00元
韭菜葱蒜栽培技术(第二次修订版)	8.00元	马铃薯脱毒种薯生产与高产栽培	8.00元
韭菜葱蒜病虫害防治技术	4.50元	马铃薯食品加工技术	12.00元
大蒜高产栽培(第2版)	10.00元	魔芋栽培与加工利用新技术(第2版)	11.00元
大蒜栽培与贮藏	6.50元	荸荠高产栽培与利用	7.00元
大蒜韭菜无公害高效栽培	8.50元	花椒病虫害诊断与防治原色图谱	19.50元
大蒜标准化生产技术	14.00元		
洋葱栽培技术(修订版)	7.00元	花椒栽培技术	5.00元
葱洋葱无公害高效栽培	9.00元	八角种植与加工利用	7.00元
生姜高产栽培(第二次修订版)	9.00元	豆芽生产新技术(修订版)	5.00元
生姜贮藏与加工	5.50元	袋生豆芽生产新技术(修订版)	8.00元
萝卜马铃薯生姜保护地栽培	5.00元	芽菜苗菜生产技术	7.50元
山药无公害高效栽培	13.00元	芦笋高产栽培	7.00元
山药栽培新技术	8.00元	芦笋无公害高效栽培	7.00元
怎样提高马铃薯种植效益	8.00元	芦笋金针菜出口标准与生产技术	8.00元
马铃薯栽培技术(第二版)	9.50元		
马铃薯高效栽培技术	9.00元	芦笋速生高产栽培技术	11.00元
提高马铃薯商品性栽培技术问答	11.00元	甘蓝花椰菜青花菜出口标准与生产技术	12.50元
马铃薯病虫害防治	4.50元	笋用竹丰产培育技术	7.00元
马铃薯芋头山药出口标准与生产技术	10.00元	甜竹笋丰产栽培及加工利用	6.50元
马铃薯稻田免耕稻草全程覆盖栽培技术	6.50元	中国野菜开发与利用	10.00元
		野菜栽培与利用	10.00元

以上图书由全国各地新华书店经销。凡向本社邮购图书或音像制品,可通过邮局汇款,在汇单"附言"栏填写所购书目,邮购图书均可享受9折优惠。购书30元(按打折后实款计算)以上的免收邮挂费,购书不足30元的按邮局资费标准收取3元挂号费,邮寄费由我社承担。邮购地址:北京市丰台区晓月中路29号,邮政编码:100072,联系人:金友,电话:(010)83210681、83210682、83219215、83219217(传真)。